Differentiable Ergodic Theory

# 微分遍历论

孙文祥◎著

北京大学出版社
PEKING UNIVERSITY PRESS

**图书在版编目 (CIP) 数据**

微分遍历论 / 孙文祥著. —北京：北京大学出版社，2022.2
ISBN 978-7-301-32863-7

Ⅰ.①微… Ⅱ.①孙… Ⅲ.①遍历定理－研究 Ⅳ.① O177.99

中国版本图书馆 CIP 数据核字 (2022) 第 024827 号

| | | |
|---|---|---|
| 书　　　　名 | 微分遍历论 | |
| | WEIFEN BIANLILUN | |
| 著 作 责 任 者 | 孙文祥　著 | |
| 责 任 编 辑 | 尹照原 | |
| 标 准 书 号 | ISBN 978-7-301-32863-7 | |
| 出 版 发 行 | 北京大学出版社 | |
| 地　　　　址 | 北京市海淀区成府路 205 号　100871 | |
| 网　　　　址 | http://www.pup.cn　新浪微博：@ 北京大学出版社 | |
| 电 子 信 箱 | zpup@pup.cn | |
| 电　　　　话 | 邮购部 010-62752015　发行部 010-62750672 | |
| | 编辑部 010-62752021 | |
| 印 　刷 　者 | 三河市博文印刷有限公司 | |
| 经 销 者 | 新华书店 | |
| | 880 毫米 ×1230 毫米　A5　6.125 印张　190 千字 | |
| | 2022 年 2 月第 1 版　2023 年 1 月第 2 次印刷 | |
| 定　　　　价 | 33.00 元 | |

# 前　　言

微分遍历论研究微分动力系统的遍历理论, 亦称光滑遍历论. 对于保持概率测度的微分动力系统, 研究几乎所有状态点 (亦称典型状态点) 的运动轨道的拓扑结构, 揭示混沌运动的统计一致性态.

遍历论可以追溯到 19 世纪中叶 Boltzmann 的遍历假设, 而 20 世纪 30 年代 Birkhoff 的遍历定理是遍历论这个学科成熟的标志. 遍历定理证明: 在遍历系统中可积函数的时间平均 (在一条典型轨道上的平均) 等于空间平均 (在全测的状态点集合上的平均). 因为时间平均和空间平均在统计力学某些讨论中是平等看待的, 验证源于物理学的系统的遍历性态则成为一件很有意义的事情. 这个对时间平均和空间平均的应用很大程度上实现于保持测度的具有微分结构的动力系统. 作为一门数学学科, 微分动力系统研究具有微分结构的动力系统的随时间长期演化的普遍规律, 着重于整体性和大范围的研究, 一部分是拓扑式的, 一部分是统计式的. 微分遍历论研究微分动力系统的统计性态. 微分动力系统可以追溯到 Poincaré 在 19 世纪末 20 世纪初的工作, 其现代理论则起源于 20 世纪 60 年代 Peixoto 结构稳定性的研究. 在微分动力系统现代理论的统计学研究中, 基于 Birkhoff 遍历定理, 1963 年廖山涛, 1968 年 Oseledets 各自建立了乘法遍历定理. 这是微分遍历论这个学科诞生的一个标志性定理. 微分遍历论的发展背景中涉及许多学科, 比如 19 世纪末 20 世纪初 Lyapunov 和 Perron 等人创立的常微分方程稳定性理论, 将特征值推广为 Lyapunov 指数进而研究非自治方程解对初值的稳定性质.

微分遍历论是一个既相对成熟又快速发展的数学学科.

根据 Smale 结构稳定性猜测 (这个猜测于 20 世纪末基本解决), 具有结构稳定性质的系统等价于一致双曲系统. 其拓扑性态和统计学性态均有较好的刻画. 一致双曲系统对作为状态空间的微分流形有较严格的限制, 而它的推广非一致双曲系统则不再需要这种限制. 本书会涉及一致双曲和非一致双曲的微分动力系统, 主要内容介绍非一致双曲系统的遍历论. 这个理论的核心是研究具有非零 Lyapunov 指数的微分动力系统. 这个理论广泛应用在几何 (比如测地流、Teichmuller 流)、刚性理论、台球理论 (Billiards)、常微分方程 Lyapunov 稳定性、偏微分方程 (比如 Schrödinger 算子)、控制理论 (如遍历优化) 等研究中, 对物理、生物、工程等领域亦有应用. 微分遍历论在更多领域的深刻应用有一个值得期待的前景.

本书介绍微分动力系统的遍历理论, 重要定理包括乘法遍历定理 (Oseledets 定理)、Ruelle 熵不等式、Pesin 熵等式、Pesin 稳定流形定理、Katok 跟踪引理、测度逼近定理、指数逼近定理等. 在这样一个较专门化的课程中我力图兼顾普遍性, 比如第 1 章用微分方程 Lyapunov 稳定性引出了微分遍历理论课题, 第 2 章介绍了廖山涛的格数理论. 本书第 7 章稳定流形定理只介绍定理而不讲证明, 因为定理证明线索过长且基本思路在微分动力系统教程已经建立.

微分遍历论领域成果丰富, 课题众多. 在这样一个既相对成熟又快速发展的学科需要一本研究生教材, 梳理理论体系, 并使研究生较快进入领域的前沿. 本书注重于基本定理、基础知识、基本技术和重要应用, 也适当介绍最新研究成果. 本书力求简单通俗并注重每个定理证明的完整性和整本书内容的自封性. 出于这个原因, 有些内容虽然重要则不能写入本书, 如部分双曲系统的遍历理论. 本书侧重非一致双曲系统的遍历论, 介绍国际国内本研究领域众多成果中的基本重要的定理, 包括我们研究组的定理. 有的定理证明篇幅很长且技术性很强, 适合相关领域的科研工作者做参考书.

我在 2003 年到 2021 年间在北京大学数学学院为研究生讲授过若干次 "微分遍历论", 本书则由这个课程的讲稿整理而成, 用一个学期的时间讲授. 这是第一本中文的微分遍历论教材, 适合学习基本理论和基本方法. 对微分动力系统领域的研究生而言, 读完本书则可以直接进入前沿研究. 目前, 相关于微分遍历论的某些研究领域, 国外已经有几本英文著作, 可作为参考书. 我们在这里把它们列举如下:

1. R. Mañé, Ergodic theory and differentiable dynamics, Springer-Verlag, 1987.

2. M. Pollicott. Lectures on ergodic theory and Pesin theory on compact manifolds. New York: Cambridge University Press, 1993.

3. L. Barreira, Ya. Pesin. Nonuniform hyperbolicity: dynamics of systems with nonzero Lyapunov exponents. New York: Cambridge Press, 2007.

学习本书所需的前期课程中, 微分动力系统、遍历论两门课程是必备的, 读者可以参考:

1. 文兰. 微分动力系统. 北京: 高等教育出版社, 2015.

2. Lan Wen. Differentiable dynamical systems, Graduate Studies Math. 173, Providence RI, 2016.

3. 孙文祥. 遍历论. 2 版. 北京: 北京大学出版社, 2018.

本书的安排是这样的. 第一章介绍非自治方程的 Lyapunov 稳定性定理, 为获得这种稳定性, 人们需要将自治方程的特征值理论推广到 Lyapunov 指数的存在性讨论, 这可以看成是 Lyapunov 指数和乘法遍历定理的一个来源. 第二章介绍廖山涛 1963 年给出的表述在标架丛上的乘法遍历定理. 利用这个标架丛平台, 我们建立了格数理论. 第三章介绍 Oseledets 1968 年给出的建立在流形上的乘法遍历定理. 第四章介绍联系 Lyapunov 指数和测度熵的 Ruelle 不等式以及 Pesin 等式. 第五章介绍双曲测度和 Pesin 集合, 这是非一致双曲系统的 "研究平台". 第六章介绍非一致双曲系统的周期点理论, 介绍了 Katok 跟踪引理和封闭引理, 介绍了梁超、刘耿、孙文祥就周期测度逼近定理给出的证明, 陈述了王贞琦、孙文祥的 Lyapunov 指数逼近定理. 第七章介绍 Pesin 稳定流形定理, 即非一致双曲系统的稳定流形定理. 第三、四、五、六章合起来可视为本书的主要部分, 读者可以将这几章作为一个自封的主体来学.

在我使用本教材讲授微分遍历论课程时, 北京大学本科生、研究生、博士生提出过很多很好的意见和建议, 廖刚博士将讲义打字绘图编排成书, 任宪坤博士和郭旭峰博士绘制了部分图表. 于北京大学、中山大学、四川大学、中国科学院等举办的若干次短期学校, 我讲授过本教材的部分内容. 厦门大学使用本教材讲授过微分遍历论课程. 来自不同单位的师生对本教材提出过一些很好的意见和建议. 在此, 向他们诚挚地表达我的谢意!

孙文祥

2021 年 8 月

于北京大学数学学院

# 目　　录

# 第 1 章 微分方程的 Lyapunov 稳定性

本章讨论自治微分方程的解对初值的稳定性, 通过变换可以归结为非自治方程的 0 解的稳定性. 在常微分方程理论中经典的方法是, 将方程寻适当方式线性化而讨论线性方程的 0 解, 当线性方程为自治方程情形用特征值判断 0 解稳定性并进而决定原方程的 0 解的稳定性. 如果线性方程为更一般的非自治情形, 这套经典方法面临挑战, 人们需要推广特征值概念为 Lyapunov 指数, 用以判断线性方程 0 解的稳定性. 而原方程的 0 解稳定性的关键是证明用以定义 Lyapunov 指数的极限存在——乘法遍历定理. 这里我们指出, 从特征值推广到 Lyapunov 指数, 是线性化理论的巨大进展, 方程解的初值稳定性判别则是引入 Lyapunov 指数和乘法遍历定理的一个动机.

## §1.1 稳 定 性

考虑自治微分方程 $\dot{x} = F(x)$, $x \in \mathbb{R}^n$, 其中 $F(x)$ 是连续可微函数. 根据解的存在唯一定理和解的延拓定理, 这个方程过任何点的解都存在且唯一. 本章中我们总假定:

($\mathbf{H_1}$) 每个解 $x(t)$ 都是整体解, 即自变量 $t$ 取遍整个实数集 $\mathbb{R}$.

**注 1.1.1** 我们注意, 并非每个自治方程初值问题的解都在整个 $\mathbb{R}$ 上有定义, 因此上面的假定确实排除了一些自治微分方程. 我们给出一个形式很简单的反例:

$$\begin{cases} \dot{x} = x^2, \\ x(0) = a. \end{cases}$$

解之得

$$x(t) = \frac{1}{-t + \dfrac{1}{a}}, \quad a \neq 0.$$

如图 1.1 所示, 当 $a > 0$ 时, $t \in \left(-\infty, \dfrac{1}{a}\right)$; 当 $a < 0$ 时, $t \in \left(\dfrac{1}{a}, +\infty\right)$; 当 $a = 0$ 时, $x \equiv 0, t \in (-\infty, +\infty)$. 于是, 当 $a \neq 0$ 时, 每个初值的解都做不到在整个 $\mathbb{R}$ 上有定义.

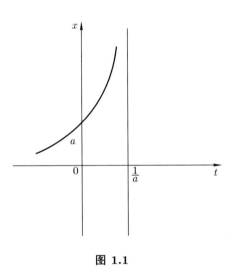

**图 1.1**

**注 1.1.2** 对微分方程 $\dot{x} = F(x)$, $x \in \mathbb{R}^n$, 我们可以仅考虑 $t = 0$ 时刻的初值问题:

$$\begin{cases} \dot{x} = F(x), \\ x(0) = a, \quad a \in \mathbb{R}^n. \end{cases}$$

原因是 $t = t_0$ 时刻的初值问题在下列意义下可转化成 $t = 0$ 时刻的初值问题. 事实上, 我们用 $\varphi(t; t_0, x_0)$, $t \in \mathbb{R}$ 表述方程满足初值条件 $x(t_0) = x_0$ 的解. 则

$$\begin{cases} \dfrac{\mathrm{d}\varphi(t - t_0; 0, x_0)}{\mathrm{d}t} = \dfrac{\mathrm{d}\varphi(t - t_0; 0, x_0)}{\mathrm{d}(t - t_0)} = F(\varphi(t - t_0; 0, x_0)), \\ \varphi(t_0 - t_0; 0, x_0) = x_0. \end{cases}$$

这说明 $\varphi(t - t_0; 0, x_0))$ 是方程满足初值条件 $(t_0, x_0)$ 的解. 又 $\varphi(t; t_0, x_0)$ 也满足初值 $(t_0, x_0)$, 故由解的存在唯一性 $\varphi(t - t_0; 0, x_0) = \varphi(t; t_0, x_0)$,

即满足初值条件 $(t_0, x_0)$ 的解 $\varphi(t; t_0, x_0)$ 就是满足初值条件 $(0, x_0)$ 的解 $\varphi(t - t_0; 0, x_0)$.

根据注 1.1.2, 我们只考虑满足初值条件 $(0, x_0)$ 的解 $\varphi(t; 0, x_0)$. 为简单起见, 记

$$\varphi(t, x_0) := \varphi(t; 0, x_0).$$

方程的解也满足

$$\varphi(t_1 + t_2, x_0) = \varphi(t_2, \varphi(t_1, x_0)), \quad t_1, t_2 \in \mathbb{R}.$$

事实上, 由注 1.1.2 知 $\varphi(t + t_1, x_0)$ 是方程的解. 它和解 $\varphi(t, \varphi(t_1, x_0))$ 在 $t = 0$ 时的初值都等于 $\varphi(t_1, x_0)$. 因此, 由解的唯一性得知它们恒等, $\varphi(t + t_1, x_0) = \varphi(t, \varphi(t_1, x_0))$. 特别地, 取 $t = t_2$ 即得所求的等式.

于是自治方程 $\dot{x} = F(x), x \in \mathbb{R}^n$ 满足 $(\text{H}_1)$ 时诱导出流, 即微分映射

$$\varphi : \mathbb{R} \times \mathbb{R}^n \to \mathbb{R}^n$$

满足:

(1) $\varphi(0, x) = x, \forall x \in \mathbb{R}^n$;

(2) $\varphi(t_1 + t_2, x) = \varphi(t_2, \varphi(t_1, x)), \forall x \in \mathbb{R}^n, \forall t_1, t_2 \in \mathbb{R}$.

对固定时间 $t$, 记

$$\varphi_t : \mathbb{R}^n \to \mathbb{R}^n,$$
$$x \mapsto \varphi_t(x) := \varphi(t, x).$$

则 $\varphi_t$ 形成了 $\mathbb{R}^n$ 上的微分同胚. 故由自治微分方程 (当其满足假设条件 $(\text{H}_1)$ 时) 可诱导出流, 进而可得到微分同胚.

考虑一个微分同胚 $f : \mathbb{R}^n \to \mathbb{R}^n$. 通过如下的扭扩手续可以形成流. 在乘积空间

$$\{(u, x) \mid x \in \mathbb{R}^n, 0 \leqslant u \leqslant 1\}$$

中建立等价关系 $(1, x) \sim (0, f(x))$, 所得商空间记作 $\widetilde{[0, 1] \times \mathbb{R}^n}$. 则扭扩流

$$\varphi : \mathbb{R} \times \widetilde{[0, 1] \times \mathbb{R}^n} \to \widetilde{[0, 1] \times \mathbb{R}^n}$$

定义为

$$\varphi(t, (u, x)) = (u + t, x), \quad -u \leqslant t < -u + 1.$$

故由微分同胚可诱导出流, 如图 1.2 所示.

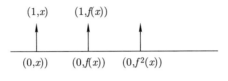

**图 1.2**

由可微的流 $\varphi$ (即映射 $\varphi: \mathbb{R} \times \mathbb{R}^n \to \mathbb{R}^n$ 可微) 也可得到微分方程

$$\dot{x} = F(x),$$

其中 $F(x) = \dfrac{\mathrm{d}\varphi(t, x)}{\mathrm{d}t}\bigg|_{t=0}$.

从上面分析看到, 微分动力系统有三组研究对象: 微分方程、可微流、微分同胚, 三者之间相互有联系.

对于流 $\varphi: \mathbb{R} \times \mathbb{R}^n \to \mathbb{R}^n$ 过点 $x \in \mathbb{R}^n$ 的轨道指

$$\{\varphi(t, x) \mid t \in \mathbb{R}\} \triangleq \mathrm{Orb}(\varphi, x).$$

对同胚 $f: \mathbb{R}^n \to \mathbb{R}^n$ 过点 $x \in \mathbb{R}^n$ 的轨道指

$$\{f^n(x) \mid n \in \mathbb{Z}\} \triangleq \mathrm{Orb}(f, x).$$

轨道的结构是动力系统研究的一个基本问题, 遍历理论则是研究几乎所有轨道的结构. 这里的 "几乎所有" 在后面各章里含有精确表述. 轨道的结构包括很多基本重要的研究内容, 比如稳定性研究. 稳定性研究领域又有不同种类的稳定性. 我们现在以方程为例, 谈一下解对初值的稳定性, 亦称为 Lyapunov 稳定性.

**定义 1.1.3**

$$\begin{cases} \dot{x} = F(x), & x \in \mathbb{R}^n, \\ x(0) = x_0 \end{cases}$$

的解 $x(t) = \varphi(t, x_0)$ 称为**关于初值稳定**或 **Lyapunov 稳定**的, 如果 $\forall \varepsilon > 0, \exists \delta > 0$, 使得

$$\|x_0 - y_0\| < \delta \Longrightarrow \mathrm{Orb}(\varphi, y_0) \subset B(\mathrm{Orb}(\varphi, x_0), \varepsilon),$$

其中

$$B(\mathrm{Orb}(\varphi, x_0), \varepsilon) = \{z \in \mathbb{R}^n \mid \exists z' \in \mathrm{Orb}(\varphi, x_0), \text{ s.t. } \|z - z'\| < \varepsilon\}.$$

**定义 1.1.4** 在定义 1.1.3 中 Lyapunov 稳定的解 $x(t) = \varphi(t, x_0)$ 称为**正向渐近稳定**的, 如果

$$\|x_0 - y_0\| < \delta \Longrightarrow \lim_{t \to +\infty} \|x(t) - y(t)\| = 0,$$

其中 $y(t) = \varphi(t, y_0)$.

**定义 1.1.5** 在定义 1.1.4 中的正向渐近稳定的解 $x(t) = \varphi(t, x_0)$ 称为**正向指数稳定**的, 如果

$$\|x_0 - y_0\| < \delta \Longrightarrow \|x(t) - y(t)\| \leqslant C(y_0) \mathrm{e}^{-b(y_0)t}, \quad t \in \mathbb{R}^+,$$

其中 $y(t) = \varphi(t, y_0)$, 而 $C(y_0) > 0$, $b(y_0) > 0$ 仅依赖于 $y_0$. 如果 $C(y_0) = C$ 和 $b = b(y_0)$ 不依赖于 $y_0$, 则称 $x(t)$ 为**一致正向指数稳定**的.

类似地可以讨论负向渐近稳定和负向指数稳定的解. 常微分方程里介绍的中心型奇点是 Lyapunov 稳定的 0 解, 它不是渐近稳定 0 解. 对指数稳定的解和过邻近初值的任一条固定解来说, 它们的差值随着时间无限变大累积为有限数, 即差值对变量 $t$ 的无穷积分收敛. 这种差值积累有限的要求在一些研究课题中是必要的.

如何判断 $\dot{x} = F(x)$, $x \in \mathbb{R}^n$ 之解的稳定性, 这是微分方程定性理论的一个基本重要问题. 利用一个特解 $x(t)$ 做变量替换 $y = x - x(t)$, 则方程 $\dot{x} = F(x)$ 变为

$$\dot{y} = F(x) - F(x(t)) = F(y + x(t)) - F(x(t)) \triangleq G(y, t).$$

方程 $\dot{x} = F(x)$ 的解 $x(t)$ 的稳定性等价于方程 $\dot{y} = G(t, y)$ 的 0 解的稳定性. 于是我们不妨假定 0 是微分方程

$$\dot{x} = F(t, x), \quad x \in \mathbb{R}^n$$

的一个解, 亦即假定:

(**H₂**) 方程右端函数满足 $F(t, 0) = 0$.

依据常微分方程教程, 我们将 $F(t, x)$ 展开为 $x$ 的线性部分 $A(t)x$ 和余项 $N(t, x)$ 之和

$$\dot{x} = A(t)x + N(t, x),$$

其中 $A(t) = \dfrac{\partial F(t, x)}{\partial x}\bigg|_{x=0}$ 并要求 $N(t, x)$ 满足一定的附加条件. 之后讨论线性方程 $\dot{v} = A(t)v$ 的 0 解的稳定性质. 当系数矩阵 $A(t)$ 为常数矩阵时, 有以下结论:

**定理 1.1.6** 设 $\dot{v} = A(t)v$ 中的矩阵 $A(t) = A$ 为常数矩阵, 则:

(1) $\dot{v} = Av$ 的 0 解渐近稳定 $\Longleftrightarrow$ $A$ 的全部特征根都有负实部;

(2) $\dot{v} = Av$ 的 0 解是稳定的 $\Longleftrightarrow$ $A$ 的全部特征根的实部都是非正的, 且实部为零的特征根的若当块的阶数是 1.

此定理说明, 常系数线性方程的 0 解的稳定性由系数矩阵的特征值决定. 下个定理则说明, 在一些情况下线性方程 0 解的稳定性和不稳定性可决定原方程 0 解的相应性质.

**定理 1.1.7** 设 $\dot{v} = A(t)v$ 中的矩阵 $A(t) = A$ 为常数矩阵, 则:

(1) 若 $A$ 的全部特征值都有负的实部, 则 $\dot{x} = F(t, x)$ 的 0 解是渐近稳定的;

(2) 若 $A$ 的特征根中至少有一个具有正实部, 则 $\dot{x} = F(t, x)$ 的 0 解是不稳定的.

定理 1.1.6 和定理 1.1.7 的证明可在常微分方程的讲义中找到, 例如可参见文献 [4]. 当线性化矩阵是常数矩阵时, 0 解的稳定性归结为判断线性化矩阵的特征值 (实部) 的符号.

一般情形, 当线性化矩阵不是常数矩阵时, 则需要一种推广的特征值——Lyapunov 指数, 并依据这些指数的符号判别稳定性. 我们在下一节将引进 Lyapunov 指数概念.

## §1.2　微分方程的 Lyapunov 指数

### 1.2.1　线性方程的 Lyapunov 指数和稳定性

考虑线性微分方程 $\dot{v} = A(t)v$, $v \in \mathbb{R}^n$, 其中 $A(t)$ 为关于 $t \in \mathbb{R}$ 连续的实数矩阵 (复数矩阵时有类似讨论) 且

$$\sup_{t \in \mathbb{R}} \|A(t)\| < \infty. \tag{1.1}$$

由微分方程教程知道, 线性方程的初值问题的解存在唯一, 且每个解都在整个实数轴 $\mathbb{R}$ 上有定义.

**定义 1.2.1**　Lyapunov 指数是如下定义的函数 $\chi^+ : \mathbb{R}^n \to \mathbb{R} \cup \{-\infty\}$, $v_0 \to \chi^+(v_0)$,

$$\chi^+(v_0) = \limsup_{t \to +\infty} \frac{1}{t} \ln \|v(t)\|,$$

其中 $v(t)(t \in \mathbb{R})$ 为线性方程初值问题

$$\begin{cases} \dot{v} = A(t)v, \\ v(0) = v_0 \end{cases}$$

的唯一解.

Lyapunov 指数的取值也叫作 Lyapunov 指数, 这不会造成误解.

**例 1.2.2**　设 $2 \times 2$ 矩阵 $A$ 有两个特征根 $\lambda_1 \neq \lambda_2$, 相对应的特征向量分别为 $\xi, \eta$. 则方程 $\dot{v} = Av$ 有基解矩阵

$$\Phi(t) = \left( \mathrm{e}^{\lambda_1 t} \xi, \mathrm{e}^{\lambda_2 t} \eta \right).$$

对于 $v_0 = \xi$, 则 $v(t) = \mathrm{e}^{\lambda_1 t} \xi$. 当 $\lambda_1$ 为实数时, $\chi^+(v_0) = \lambda_1$. 当 $\lambda_1$ 为复数时, $\chi^+(v_0) = \mathrm{Re}(\lambda_1)$. 对于 $v_0 = \eta$, 则 $v(t) = \mathrm{e}^{\lambda_2 t} \eta$. 当 $\lambda_2$ 为实数时 ( $\lambda_1$ 亦为实数), $\chi^+(v_0) = \lambda_2$. 当 $\lambda_2$ 为复数时 ($\lambda_1$ 亦为复数), $\chi^+(v_0) = \mathrm{Re}(\lambda_2)$.

从这个例子看出, Lyapunov 指数从某种角度讲是特征根的推广.

**命题 1.2.3**　Lyapunov 指数满足下面的性质:

(1) $\chi^+(av) = \chi^+(v)$, $v \in \mathbb{R}^n$, $a \neq 0$;

(2) $\chi^+(v+w) \leqslant \max\{\chi^+(v), \chi^+(w)\}$, $v, w \in \mathbb{R}^n$;

(3) $\chi^+(0) = -\infty$.

**证明**  (1) $\chi^+(av) = \limsup\limits_{t \to +\infty} \dfrac{1}{t} \ln \|av(t)\| = \limsup\limits_{t \to +\infty} \dfrac{1}{t} \ln |a| \|v(t)\| = $

$\limsup\limits_{t \to +\infty} \dfrac{1}{t} \ln \|v(t)\| = \chi^+(v)$.

(2) 设 $\chi^+(w) \geqslant \chi^+(v)$. 则

$$\chi^+(v+w) = \limsup_{t \to +\infty} \frac{1}{t} \ln \|v(t) + w(t)\| \leqslant \limsup_{t \to +\infty} \frac{1}{t} \ln 2\|w(t)\| = \chi^+(w).$$

(3) 显然.  □

**推论 1.2.4**  (1) 设 $v, w \in \mathbb{R}^n$ 满足 $\chi^+(v) \neq \chi^+(w)$, 则 $\chi^+(v+w) = \max\{\chi^+(v), \chi^+(w)\}$.

(2) 如果 $v_1, \cdots, v_m \in \mathbb{R}^n \backslash \{0\}$ 的 Lyapunov 指数 $\chi^+(v_1), \cdots, \chi^+(v_m)$ 互不相同, 则 $v_1, \cdots, v_m$ 线性无关. 因此 $\dot{v} = A(t)v$, $v \in \mathbb{R}^n$ 中的 Lya-punov 指数的取值个数 $\leqslant n$.

**证明**  (1) 设 $\chi^+(v) < \chi^+(w)$, 则由命题 1.2.3 知

$$\chi^+(v+w) \leqslant \chi^+(w) \leqslant \max\{\chi^+(v+w), \chi^+(-v)\} = \max\{\chi^+(v+w), \chi^+(v)\}.$$

如果 $\chi^+(v+w) < \chi^+(v)$, 则上式右端等于 $\chi^+(v)$, 因而得矛盾不等式 $\chi^+(w) \leqslant \chi^+(v)$. 于是总有 $\chi^+(v+w) \geqslant \chi^+(v)$, 进而 $\max\{\chi^+(v+w), \chi^+(v)\} = \chi^+(v+w)$. 此式结合上面的不等式推出 $\chi^+(v+w) = \chi^+(w)$.

(2) 反设 $v_1, \cdots, v_m$ 线性相关, 则存在不全为零的实数 $a_1, \cdots, a_m$ 满足

$$a_1 v_1 + \cdots + a_m v_m = 0.$$

由题设及命题 1.2.3(1), $\chi^+(a_i v_i)$ 互不相同. 于是

$$-\infty = \chi^+(0) = \chi^+(a_1 v_1 + \cdots + a_m v_m) = \max\{\chi^+(v_i)|_{a_i \neq 0}\} > -\infty,$$

得到一个矛盾.  □

依据推论 1.2.4, 我们设 $\chi_1 < \chi_2 < \cdots < \chi_s(s \leqslant n)$ 为 $s$ 个 Lyapunov 指数, 亦即函数 $\chi^+$ 的 $s$ 个函数值. 令

$$V_0 = \{0\}, \ V_1 = \{v \in \mathbb{R}^n \mid \chi^+(v) \leqslant \chi_1\}, \cdots, \ V_s = \{v \in \mathbb{R}^n \mid \chi^+(v) \leqslant \chi_s\}.$$

则每个 $V_i$ 均为 $\mathbb{R}^n$ 的线性子空间 (关于数乘和加法封闭). 记 $k_i = \dim V_i - \dim V_{i-1}$, 称为 Lyapunov 指数 $\chi_i$ 的重数. 显然

$$\{0\} = V_0 \subsetneqq V_1 \subsetneqq V_2 \subsetneqq \cdots \subsetneqq V_s = \mathbb{R}^n.$$

**定义 1.2.5**　称 $\mathcal{V} = \{V_i \mid i = 0, 1, \cdots, s\}$ 为 $\mathbb{R}^n$ 的线性滤子或简称滤子. 称

$$\mathrm{Sp}\,(\chi^+) = \{(\chi_i, k_i) \mid 1 \leqslant i \leqslant s\}$$

为 Lyapunov 谱.

我们指出, 当 $\chi^+(v) = \chi^+(w)$ 时可以出现 $\chi^+(v+w) \lneqq \max\{\chi^+(v), \chi^+(w)\}$, 见下面的例 1.2.6 和图 1.3.

**例 1.2.6**　令 $\chi^+ \colon \mathbb{R}^2 \to \mathbb{R} \cup \{-\infty\}$ 如下定义: $\chi^+(0) = -\infty$, $\chi^+$ 在 $y$ 轴非零向量取值 $\frac{1}{2}$, $\chi^+$ 在 $y$ 轴之外的向量上取值 2. 此例中 $V_0 = \{0\}$, $V_1 = \{(0, y)\}$, $V_2 = \mathbb{R}^2$. $\chi^+$ 在向量 $v = (1, 1)$ 和 $w = (-1, 1)$ 的取值为 2, 在二者的和向量 $(0, 2)$ 的取值为 $\frac{1}{2}$.

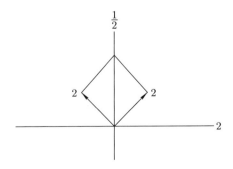

**图 1.3**　向量之和的 Lyapunov 指数

现在设方程 $\dot{v} = A(t)v$, $v \in \mathbb{R}^n$ 有 $s$ 个 Lyapunov 指数

$$\chi_1^+ < \chi_2^+ < \cdots < \chi_s^+, \quad s \leqslant n.$$

设 $v(t)$ 是方程的一个非平凡解 (平凡指恒为 0). 对 $\forall \varepsilon > 0$, 存在 $C_\varepsilon > 0$ 使得当 $t$ 大于某个 $T$ 时 $\|v(t)\| \leqslant \mathrm{e}^{(\chi_s^+ + \varepsilon)t}\|v(0)\|$; 而 $t \in [0, T]$ 时, $\|v(t)\| \leqslant C_\varepsilon \mathrm{e}^{(\chi_s^+ + \varepsilon)t}\|v(0)\|$. 因此, 总有 $\|v(t)\| \leqslant C_\varepsilon \mathrm{e}^{(\chi_s^+ + \varepsilon)t}\|v(0)\|$, $\forall t \geqslant 0$. 这样我们得到下面的命题:

**命题 1.2.7**　如果 $\chi_s^+ < 0$, 即所有 Lyapunov 指数的取值均小于 0, 则线性方程 $\dot{v} = A(t)v$, $v \in \mathbb{R}^n$ 的平凡解 $v(t) = 0$ 是正向指数稳定的.

**证明**　任给定 $0 < \varepsilon < -\chi_s^+$, 取 $\delta = 1$. 以模小于 $\delta$ 的向量 $\xi$ 为初值的线性方程的解 $v(t)$ 满足

$$\|v(t) - 0\| \leqslant C_\varepsilon \mathrm{e}^{(\chi_s^+ + \varepsilon)t}\|\xi\| < C_\varepsilon \mathrm{e}^{(\chi_s^+ + \varepsilon)t}, \quad \forall t \geqslant 0,$$

其中 $C_\varepsilon$ 是和 $t$ 无关的常数 (因 $v(t) = \Phi(t)\Phi^{-1}(0)v(0)$, 则不同的解的表达式只在初值条件 $v(0) = \xi$ 处不同, 这里 $\Phi(t)$ 是基解矩阵). 据定义 1.1.5 平凡解是正向指数稳定的. □

### 1.2.2　Perron 的反例

现在考虑非线性方程 $\dot{v}(t) = A(t)v + f(t, v)$, $v \in \mathbb{R}^n$ 满足 $f(t, 0) = 0$ (这保证 $v(t) = 0$ 是方程的解). 我们假定存在 0 在 $\mathbb{R}^n$ 的邻域 $B(0, b)$ 使得 $f(t, v)$ 在 $[0, +\infty) \times B(0, b)$ 连续且满足

$$\|f(t, u) - f(t, v)\| \leqslant K\|u - v\|^q,$$

对某常数 $q > 1$ 和 $K > 0$ 成立. 这个非线性方程叫作线性方程 $\dot{v} = A(t)v$, $v \in \mathbb{R}^n$ 的扰动方程, $q$ 叫作扰动方程的阶. 一个自然问题是: **线性方程的 Lyapunov 指数取值均小于 0 (因而其平凡解 0 是指数稳定的) 这个条件, 能否保证扰动后的非线性方程的平凡解 0 具有指数稳定性?**

下面的由 Perron 给出的例子说明这个问题的答案是否定的.

对于线性方程 $\dot{v} = A(t)v$, $v \in \mathbb{R}^n$ 也可以用下极限定义 Lyapunov

指数

$$\chi^- : \mathbb{R}^n \to \mathbb{R} \cup \{-\infty\},$$
$$v_0 \mapsto \chi^-(v_0),$$
$$\chi^-(v_0) = \liminf_{t \to +\infty} \frac{1}{t} \ln \|v(t)\|,$$

其中 $v(t)$, $t \in \mathbb{R}$ 为线性方程初值问题

$$\begin{cases} \dot{v} = A(t)v, \\ v(0) = v_0 \end{cases}$$

的唯一解. 根据上面类似讨论, Lyapunov 指数 $\chi^-$ 最多有 $n$ 个取值.

**例 1.2.8 (Perron)**  考虑线性方程

$$\begin{cases} \dot{u}_1 = [-w - a(\sin \ln t + \cos \ln t)]u_1, \\ \dot{u}_2 = [-w + a(\sin \ln t + \cos \ln t)]u_2, \end{cases}$$

其中常数 $a$, $w$ 满足 $0 < a < w < (2\mathrm{e}^{-\pi} + 1)a$. 方程的定义域为 $t > 0$. 注意

$$-w - a(\sin \ln t + \cos \ln t) = -w - a(t \sin \ln t)' = [-wt - a(t \sin \ln t)]',$$

$$-w + a(\sin \ln t + \cos \ln t) = -w + a(t \sin \ln t)' = [-wt + a(t \sin \ln t)]',$$

我们容易得到通解

$$\begin{cases} u_1(t) = c_1 \mathrm{e}^{(-w - a \sin \ln t)t}, \\ u_2(t) = c_2 \mathrm{e}^{(-w + a \sin \ln t)t}, \end{cases}$$

其中 $c_1$, $c_2$ 是任意常数. 注意到

$$\limsup_{t \to +\infty}(-a \sin \ln t) = a, \quad \limsup_{t \to +\infty}(a \sin \ln t) = a.$$

故方程的两个 Lyapunov 指数均为 $\chi^+ = -w + a$. 这说明方程的用上极限形式定义的 Lyapunov 指数存在且均小于 0. 根据命题 1.2.7 线性方程的 0 解是正向指数稳定的.

注意到用下极限形式定义的两个 Lyapunov 指数均为 $\chi^- = -a - w$. 故方程的用上极限定义的和下极限定义的 Lyapunov 指数是不同的,

$$\chi^+ \neq \chi^-.$$

也可以说方程的用极限形式定义的 Lyapunov 指数是不存在的.

考虑线性方程组的扰动

$$\begin{cases} \dot{u}_1 = [-w - a(\sin \ln t + \cos \ln t)]u_1, \\ \dot{u}_2 = [-w + a(\sin \ln t + \cos \ln t)]u_2 + |u_1|^{1+\lambda}, \end{cases} \tag{1.2}$$

其中

$$0 < \lambda < \frac{2a}{w-a} - e^{\pi}.$$

在此方程中扰动项 $f(t, u) = (0, |u_1|^{1+\lambda})$ 满足 $f(t, 0) = 0$ 且

$$\|f(t, u) - f(t, 0)\| = \|f(t, u)\| = |u_1|^{1+\lambda} \leqslant \|u\|^{1+\lambda}.$$

用常微分方程论中的计算公式得通解

$$\begin{cases} u_1(t) = c_1 e^{-wt - at \sin \ln t}, \\ u_2(t) = c_2 e^{-wt + at \sin \ln t} + |c_1|^{\lambda + 1} e^{-wt + at \sin \ln t} \int_{t_0}^{t} e^{-(2+\lambda)a\tau \sin \ln \tau - w\lambda\tau} d\tau, \end{cases} \tag{1.3}$$

其中 $t_0 > 0$.

设 $u(t) = (u_1(t), u_2(t))$ 为非线性方程组 (1.2) 的解, 由方程组 (1.3) 直接验证 $u(t)$ 也是下面线性方程组的解:

$$\begin{cases} \dot{u}_1 = [-w - a(\sin \ln t + \cos \ln t)]u_1, \\ \dot{u}_2 = [-w + a(\sin \ln t + \cos \ln t)]u_2 + \delta(t)u_1, \end{cases} \tag{1.4}$$

其中

$$\delta(t) = \operatorname{sgn}(c_1)|c_1|^{\lambda} e^{-w\lambda t - a\lambda t \sin \ln t}.$$

由于 $|\delta(t)| \leqslant |c_1|^{\lambda} e^{(-w+a)\lambda t}$ 且常数 $w - a > 0$ 以及 $\lambda > 0$, 则此线性方程组满足有界性条件 (1.1).

我们将指出扰动方程组的 0 解不是稳定的. 为此我们先考虑 $u_2(t)$ 的表达式并令其中的 $c_2 = 0$, 即考虑

$$u_2(t) = |c_1|^{\lambda+1} e^{-wt+at\sin\ln t} \int_{t_0}^{t} e^{-(2+\lambda)a\tau\sin\ln\tau - w\lambda\tau} d\tau.$$

取 $0 < \varepsilon < \dfrac{\pi}{4}$. 对 $k \in \mathbb{N}$ 令

$$t_k = e^{2k\pi - \frac{\pi}{2}}, \quad t_k' = e^{2k\pi - \frac{\pi}{2} - \varepsilon}.$$

则 $0 < t_k' < t_k$, 且当 $k \to +\infty$ 时 $t_k' \to \infty$. 考虑

$$\int_{t_0}^{e^{2k\pi - \frac{\pi}{2}}} e^{-(2+\lambda)a\tau\sin\ln\tau - w\lambda\tau} d\tau \geqslant \int_{e^{2k\pi - \frac{\pi}{2} - \varepsilon}}^{e^{2k\pi - \frac{\pi}{2}}} e^{-(2+\lambda)a\tau\sin\ln\tau - w\lambda\tau} d\tau.$$

当 $e^{2k\pi - \frac{\pi}{2} - \varepsilon} < t < e^{2k\pi - \frac{\pi}{2}}$ 时, $2k\pi - \dfrac{\pi}{2} - \varepsilon < \ln t < 2k\pi - \dfrac{\pi}{2}$, $\sin\ln t$ 单调递减, 于是有

$$\cos\varepsilon < -\sin\ln t < 1.$$

这意味着

$$\int_{t_0}^{e^{2k\pi - \frac{\pi}{2}}} e^{-(2+\lambda)a\tau\sin\ln\tau - w\lambda\tau} d\tau \geqslant \int_{e^{2k\pi - \frac{\pi}{2} - \varepsilon}}^{e^{2k\pi - \frac{\pi}{2}}} e^{(2+\lambda)a\tau\cos\varepsilon - w\lambda\tau} d\tau.$$

记 $r = (2+\lambda)a\cos\varepsilon - w\lambda$, 则当 $k$ 充分大时有

$$\int_{t_0}^{e^{2k\pi + \frac{\pi}{2}}} e^{-(2+\lambda)a\tau\sin\ln\tau - w\lambda\tau} d\tau \geqslant \int_{e^{2k\pi - \frac{\pi}{2} - \varepsilon}}^{e^{2k\pi - \frac{\pi}{2}}} e^{r\tau} d\tau > Ce^{rt_k},$$

其中 $C = \dfrac{1 - e^{-\varepsilon}}{r}$. 令

$$t_k^* = e^{\pi} t_k = e^{\pi} e^{2k\pi - \frac{\pi}{2}} = e^{2k\pi + \frac{\pi}{2}}.$$

我们注意到 $\sin\ln t_k^* = 1$ 及 $t_k^* > t_k$ 得到

$$e^{at_k^*\sin\ln t_k^*} \int_{t_0}^{t_k^*} e^{-(2+\lambda)a\tau\sin\ln\tau - w\lambda\tau} d\tau$$

$$> e^{at_k^*} \int_{t_0}^{t_k} e^{-(2+\lambda)a\tau\sin\ln\tau - w\lambda\tau} d\tau$$

$$> e^{at_k^*} Ce^{rt_k} = Ce^{(a+re^{-\pi})t_k^*}.$$

用 $u(t) = (u_1(t), u_2(t))$ 表示扰动方程满足 $c_1 \neq 0$, $c_2 = 0$ 的解, 它在 $t_0$ 的初值记为 $u = (c_1, 0)$. 用线性方程 (1.4) 的解的上极限给出的 Lyapunov 指数记为 $\chi^+(u)$. 依据表达式 (1.3) 在 $t_k^* \to \infty$ 时估算极限得到

$$
\begin{aligned}
\chi^+(u) &\geqslant -w + a + re^{-\pi} \\
&= -w + a + [(2+\lambda)a\cos\varepsilon - w\lambda]e^{-\pi} \\
&> -w + a + e^{-\pi}(2+\lambda)a\cos\varepsilon - \frac{2awe^{-\pi}}{w-a} + we^{\pi}e^{-\pi} \\
&= a + e^{-\pi}(2+\lambda)a\cos\varepsilon - \frac{2awe^{-\pi}}{w-a} \\
&> a + (2+\lambda)ae^{-\pi}\cos\varepsilon - 2ae^{-\pi} \quad \left(0 < \varepsilon < \frac{\pi}{4} \quad \text{可充分小}\right) \\
&> 0.
\end{aligned}
$$

注意 $\|u\|$ 可以任意小以及对扰动方程的解 $u(t)$ 的上面推证, 据定义 1.1.4 扰动方程的 0 解不是正向渐近稳定的 (自然也不是正向指数稳定的).

## §1.3 稳定性定理

扰动方程的解的渐近稳定性需要一个所谓的正则性条件, 其核心是要求用上极限定义的 Lyapunov 指数和用下极限定义的 Lyapunov 指数相等 (Perron 例子不满足这个条件). 在这个正则性条件下, Lyapunov 指数全取负值就可以保证 Lyapunov 稳定性甚至指数稳定性了.

**定理 1.3.1** 设方程 $\dot{u} = A(t)u + f(t, u)$, $u \in \mathbb{R}^n$ 满足:

(1) $\sup\limits_{t \in \mathbb{R}} \|A(t)\| < \infty$;

(2) $f(t, u)$ 连续, $f(t, 0) = 0$ 且存在常数 $K > 0$, $q > 0$, 使得

$$\|f(t, u) - f(t, v)\| \leqslant K\|u - v\|^{1+q}.$$

设用上极限定义的 Lyapunov 指数和下极限定义的 Lyapunov 指数相同,

$$\chi^+ = \chi^- = \chi.$$

如果 $\chi < 0$, 则方程的平凡解 $u(t) = 0$ 是正向指数稳定的.

定理 1.3.1 的证明参见文献 [1].

方程的 Lyapunov 指数的存在性, 即

$$\chi^+ = \chi^-,$$

对方程的解关于初值的稳定性来讲, 是一个极其重要的条件. 对微分流形上保持一个概率测度的微分同胚而言, 其线性化可视为 "时间取离散数值" 的线性常微分方程. 在那里将证明 Lyapunov 指数是存在的. 笼统地说, 这个存在性就是著名的乘法遍历定理的主要内容. 我们在第 2 章和第 3 章将介绍乘法遍历定理.

# 第 2 章 廖乘法遍历定理和格数理论

微分系统指微分方程, 微分流或者微分同胚. 注意三者之间的密切联系, 我们只讨论相对简单的微分同胚. 微分同胚的乘法遍历定理相比于微分方程的 Lyapunov 稳定性判别的正则化条件 (参见定理 1.3.1 ). 这个定理指出, 几乎所有状态点处的非零切向量在线性映射迭代下的平均指数增长率存在, 即 Lyapunov 指数存在. 1963 年廖山涛在微分同胚的一个诱导系统上建立了乘法遍历定理, 参见文献 [10]. 1993 年廖山涛将这个乘法遍历定理还原到微分同胚情形, 参见文献 [11]. 诱导系统上确定的那些极限值恰恰为原微分同胚的所有 Lyapunov 指数, 参见文献 [18].

廖乘法遍历定理的建立思路的一个延伸课题是, 借助单位标价丛上的诱导系统和 Birkhoff 遍历定理可以建立格数理论.

## §2.1 乘法遍历定理

设 $f: X \to X$ 为紧致度量空间上的连续映射. 用 $\mathcal{M}_{\mathrm{erg}}(X, f)$ 记 $X$ 上全体 $f$ 不变的遍历 Borel 概率测度的集合. 记 $C^0(X, \mathbb{R})$ 为 $X$ 上全体连续函数之集合. 对 $m \in \mathcal{M}_{\mathrm{erg}}(X, f)$, 令

$$
\begin{aligned}
Q_m &= Q_m(X, f) \\
&= \left\{ x \in X \,\Big|\, \lim_{n \to +\infty} \frac{1}{n} \sum_{i=0}^{n-1} \phi(f^i x) = \int \phi \, \mathrm{d}m, \ \forall \phi \in C^0(X, \mathbb{R}) \right\}.
\end{aligned}
$$

由 Birkhoff 遍历定理, $f(Q_m) = Q_m$, $m(Q_m) = 1$. 对 $x \in Q_m$, 称 $m$ 为 $x$ 的单个测度.

下面的引理将用于证明乘法遍历定理.

**引理 2.1.1** 设 $(X, f)$ 和 $(Y, g)$ 是两个拓扑系统, 即紧致度量空间上的连续满射. 且设它们半共轭, 即存在连续满射 $\pi: X \to Y$, 使得

$\pi f = g\pi$, 或下列图解交换

$$\begin{array}{ccc} X & \xrightarrow{f} & X \\ \downarrow \pi & & \downarrow \pi \\ Y & \xrightarrow{g} & Y. \end{array}$$

则对给定的 $\nu \in \mathcal{M}_{\mathrm{erg}}(Y, g)$ 存在 $\mu \in \mathcal{M}_{\mathrm{erg}}(X, f)$ 满足:

(1) $\nu = \pi_* \mu = \mu \pi^{-1}$;

(2) $\pi Q_\mu(X, f) \subset Q_\nu(Y, g)$, $\nu(\pi Q_\mu) = 1$, $g(\pi Q_\mu) = \pi Q_\mu$.

**证明** 取定 $y_0 \in Q_\nu$ 并取定一个 $x_0 \in \pi^{-1}(y_0)$. 由

$$\int \phi \mathrm{d}\mu_k = \frac{1}{k} \sum_{i=0}^{k-1} \phi(f^i x_0), \quad \forall \phi \in C^0(X, \mathbb{R})$$

定义的测度列 $\{\mu_k\}$ 有收敛子列. 不失一般性, 可设 $\{\mu_k\}$ 有极限测度 $\mu_0$. 根据遍历理论, 这个测度是 $f$ 的不变测度.

我们现在证明 $\pi_* \mu_0 = \nu$. 事实上对 $\forall \phi \in C^0(Y, g)$ 有

$$\int \phi \mathrm{d}(\pi_* \mu_0) = \int \phi \pi \mathrm{d}\mu_0 = \lim_{k \to +\infty} \int \phi \pi \mathrm{d}\mu_k = \lim_{k \to +\infty} \frac{1}{k} \sum_{i=0}^{k-1} \phi \pi(f^i x_0)$$

$$= \lim_{k \to +\infty} \frac{1}{k} \sum_{i=0}^{k-1} \phi(g^i y_0) \xlongequal{y_0 \in Q_\nu} \int \phi \mathrm{d}\nu.$$

这说明 $\pi_* \mu_0 = \nu$.

令 $H = \bigcup_{m \in \mathcal{M}_{\mathrm{erg}}(X, f)} Q_m(X, f)$. 用 $\chi_H$ 表示可测集合 $H$ 的特征函数, 则 $\chi_H \in L^1(\mu_0)$. 根据遍历分解定理则有

$$\mu_0(H) = \int \chi_H \mathrm{d}\mu_0 = \int_{\mathcal{M}_{\mathrm{erg}}(X, f)} \left( \int \chi_H \, \mathrm{d}m \right) \mathrm{d}\mu_0 = \int_{\mathcal{M}_{\mathrm{erg}}(X, f)} m(H) \, \mathrm{d}\mu_0 = 1.$$

于是,

$$\nu(\pi(H) \cap Q_\nu) \xlongequal{\pi_* \mu_0 = \nu} \mu_0 \pi^{-1}(\pi(H) \cap Q_\nu) \geqslant \mu_0(H \cap \pi^{-1} Q_\nu) = 1.$$

于是可取出 $y_1 \in \pi(H) \cap Q_\nu$, $x_1 \in H$ 满足 $\pi(x_1) = y_1$. 那么, 由 $x_1$ 如下决定的测度 $\mu \in \mathcal{M}_{\mathrm{erg}}(X, f)$ 即为所求:

$$\int \phi \mathrm{d}\mu = \lim_{n \to +\infty} \frac{1}{n} \sum_{i=0}^{n-1} \phi(f^i x_1), \quad \forall \phi \in C^0(X, \mathbb{R}).$$

事实上,

$$\begin{aligned}
\int \phi \mathrm{d}(\pi_* \mu) &= \int \phi \pi \mathrm{d}\mu = \lim_{k \to +\infty} \frac{1}{k} \sum_{i=0}^{k-1} \phi \pi(f^i x_1) \\
&= \lim_{k \to +\infty} \frac{1}{k} \sum_{i=0}^{k-1} \phi(g^i y_1) \\
&= \int \phi \, \mathrm{d}\nu, \quad \forall \phi \in C^0(Y, \mathbb{R}).
\end{aligned}$$

故 $\pi_* \mu = \nu$, 结论 (1) 成立. (2) 则随之成立. $\qquad\square$

现在介绍微分遍历理论的乘法遍历定理. 它保证了几乎所有点处的非零向量的极限定义的 Lyapunov 指数的存在性.

设 $M$ 为紧致光滑 Riemann 流形. 设 $f: M \to M$ 是 $C^1$ 微分同胚. 用 $TM$ 表示切丛, 用 $Df: TM \to TM$ 表示 $f$ 的切映射.

**定义 2.1.2** 对 $x \in M$, $v \in T_x M$, $v \neq 0$, 如果下面极限存在的话:

$$\lim_{n \to +\infty} \frac{1}{n} \ln \|D_x f^n(v)\|,$$

这个极限值称为**向量 $v$ 的 Lyapunov 指数**.

这里定义的 Lyapunov 指数以极限存在作为前提条件. 当极限不存在时称 Lyapunov 指数不存在. Lyapunov 指数描述在切映射作用下向量 $v$ 的长度的指数增长 (衰减) 率. 类似地, 也可以定义向量就迭代过程 $n \to -\infty$ 的 Lyapunov 指数.

在本节余下讨论中, 我们固定流形 $M$ 的维数为 $n$, $\dim M = n$. 使用切丛上的线性映射

$$Df: TM \to TM,$$

我们构造几个标架丛和相应丛上的映射.

用 $\mathcal{U}_n(M) = \bigcup_{x \in M} \mathcal{U}_n(x)$ 表示 $n$ 标架丛, 其中点 $x \in M$ 的纤维是

$$\mathcal{U}_n(x) = \{\alpha = (u_1, \cdots, u_n) \mid u_1, \cdots u_n \in T_x M \text{ 线性无关}\}.$$

定义

$$Df: \mathcal{U}_n(M) \to \mathcal{U}_n(M),$$

$$\alpha = (u_1, \cdots, u_n) \mapsto Df(\alpha) = (Df(u_1), \cdots, Df(u_n)).$$

我们再定义正交 $n$ 标架丛 $\mathcal{F}_n(M) = \bigcup_{x \in M} \mathcal{F}_n(x)$, 其中点 $x \in M$ 的纤维是

$$\mathcal{F}_n(x) = \{\alpha = (u_1, \cdots, u_n) \in \mathcal{U}_n(x) \mid < u_i, u_j > = 0, \ i \neq j\}.$$

我们如下定义映射

$$F: \mathcal{F}_n(M) \to \mathcal{F}_n(M).$$

对 $\alpha = (u_1, \cdots, u_n) \in \mathcal{F}_n(x)$ 用切映射将 $\alpha$ 映射成 $T_{f(x)}M$ 的一个标架,

$$Df(\alpha) = (Df(u_1), \cdots, Df(u_n)).$$

根据 Gram-Schimit 正交化方法, 存在主对角线为 1 的上三角矩阵 $\Gamma(Df(\alpha))$ 使得 $Df(\alpha)\Gamma(Df(\alpha)) \in \mathcal{F}_n(fx)$. 则定义 $F(\alpha) = Df(\alpha)$ $\Gamma(Df(\alpha))$. 参见图 2.1.

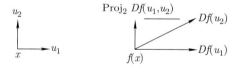

**图 2.1**

用 $\mathcal{F}_n^{\#}(M) = \bigcup_{x \in M} \mathcal{F}_n^{\#}(x)$ 表示正规 $n$ 标架丛, 其中点 $x \in M$ 的纤维是

$$\mathcal{F}_n^{\#}(x) = \{\alpha = (u_1, \cdots, u_n) \in \mathcal{F}_n(x) \mid \|u_i\| = 1\}.$$

我们定义映射 $F^{\#}: \mathcal{F}_n^{\#}(M) \to \mathcal{F}_n^{\#}(M)$ 如下:

对 $\alpha = (u_1, \cdots, u_n) \in \mathcal{F}_n^{\#}(x)$, 先用 $F$ 将 $\alpha$ 映射成 $f(x)$ 点的正交标架 $F(\alpha) \in \mathcal{F}_n(f(x))$, 再对 $F(\alpha)$ 的每个向量单位化, 所得的正规向量组定义为 $F^{\#}(\alpha)$.

如果用 $\zeta_{\alpha k}(m)$ 记 $F^m(\alpha)$ 的第 $k$ 个向量的长度, 并记

$$\zeta_\alpha(m) = \begin{bmatrix} \zeta_{\alpha 1}(m) & & \\ & \ddots & \\ & & \zeta_{\alpha n}(m) \end{bmatrix},$$

则

$$F^{\#}(\alpha) = Df(\alpha)\Gamma(Df(\alpha))\zeta_\alpha(1)^{-1}.$$

为节省记号, 我们用 $\pi$ 表示各个丛到底流形的自然投射: $TM \to M, \mathcal{F}_n(M) \to M, \mathcal{F}_n^{\#}(M) \to M$, 则

$$\pi \circ Df = f \circ \pi, \quad \pi \circ F = f \circ \pi, \quad \pi \circ F^{\#} = f \circ \pi.$$

由上面推导过程知 $Df(\alpha) = F^{\#}(\alpha)\zeta_\alpha(1)\Gamma(Df(\alpha))^{-1}$. 记 $Z_\alpha(1) = \zeta_\alpha(1)\Gamma(Df(\alpha))^{-1}$, 则 $Z_\alpha(1)$ 是向量组 $Df(\alpha)$ 在正规标架 $F^{\#}(\alpha)$ 之下的表示矩阵. 如果我们考虑 $f$ 的 $m$ 次迭代, 则有

$$\begin{aligned} Df^m(\alpha) &= F^{\#m}(\alpha)\zeta_\alpha(m)\Gamma(Df^m(\alpha))^{-1} \\ &= F^{\#m}(\alpha)Z_\alpha(m). \end{aligned}$$

由流形 $M$ 的紧致性及 $f$ 的连续性易知, $F^{\#}: \mathcal{F}_n^{\#}(M) \to \mathcal{F}_n^{\#}(M)$ 是紧致度量空间上的连续同胚. 固定 $x \in M$, 则 $\{\mathcal{F}_n^{\#}(f^m(x)), m \in \mathbb{Z}\}$ 为轨道 $\mathrm{Orb}(x, f) = \{f^m(x), m \in \mathbb{Z}\}$ 上切空间 $TM$ 的活动的正规 $n$ 标架.

我们注意 $F: \mathcal{F}_n(M) \to \mathcal{F}_n(M)$ 的定义域可以自然推广成 $\mathcal{U}_n(M)$, 即 $F: \mathcal{U}_n(M) \to \mathcal{F}_n(M)$ 是有定义的.

**定义 2.1.3**  称函数 $w_k: \mathcal{U}_n(M) \to \mathbb{R}$, $w_k(\alpha) = \ln \zeta_{\alpha k}(1)$ 为**廖函数**, $k = 1, \cdots, n$.

廖函数由廖山涛引进[10], 它们显然是 $\alpha$ 的连续函数. $\zeta_{\alpha k}(1)$ 表示向量组 $\alpha$ 的第 $k$ 个向量经过切映射 $Df$ 作用后的向量之投影向量的长度, $w_k(\alpha)$ 则表示这个长度的对数.

**引理 2.1.4** 设 $\alpha \in \mathcal{F}_n^{\#}(x)$, 则对正整数 $s$, $t$, $m$ 有

$$\zeta_{\alpha k}(s + t) = \zeta_{\alpha k}(s)\zeta_{F^{\#s}(\alpha)k}(t).$$

$$\ln \zeta_{\alpha k}(m) = \sum_{i=0}^{m-1} w_k(F^{\#i}(\alpha)), \quad k = 1, \cdots, n.$$

**证明** 设 $\alpha = (u_1, \cdots, u_n) \in \mathcal{F}_n^{\#}(x)$, 并记 $F(\alpha) = (v_1, \cdots, v_n)$. 由构造过程易知 $F(r_1 u_1, \cdots, r_n u_n) = (r_1 v_1, \cdots, r_n v_n)$, 其中 $r_1, \cdots, r_n \in \mathbb{R}$. 因为

$$F^{\#s}(\alpha) = \left( \frac{\mathrm{Proj}_1 F^s(\alpha)}{\zeta_{\alpha 1}(s)}, \cdots, \frac{\mathrm{Proj}_n F^s(\alpha)}{\zeta_{\alpha n}(s)} \right),$$

用 $F^t$ 作用 $F^{\#s}(\alpha)$ 得

$$\left( \frac{\mathrm{Proj}_1 F^{s+t}(\alpha)}{\zeta_{\alpha 1}(s)}, \cdots, \frac{\mathrm{Proj}_n F^{s+t}(\alpha)}{\zeta_{\alpha n}(s)} \right).$$

其第 $k$ 个向量的长度满足

$$\zeta_{F^{\#s}(\alpha)k}(t) = \frac{\zeta_{\alpha k}(s + t)}{\zeta_{\alpha k}(s)}.$$

现在

$$\begin{aligned}
\ln \zeta_{\alpha k}(2) &= \ln \zeta_{\alpha k}(1 + 1) = \ln \zeta_{\alpha k}(1)\zeta_{F^{\#}(\alpha)k}(1) \\
&= \ln \zeta_{\alpha k}(1) + \ln \zeta_{F^{\#}(\alpha)k}(1) = w_k(\alpha) + w_k(F^{\#}(\alpha)).
\end{aligned}$$

归纳法可证

$$\ln \zeta_{\alpha k}(m) = \sum_{i=0}^{m-1} w_k(F^{\#i}(\alpha)). \qquad \square$$

**引理 2.1.5** 设 $f: M \to M$ 是 $n$ 维紧流形上的 $C^1$ 微分同胚, $\mu \in \mathcal{M}_{\mathrm{erg}}(\mathcal{F}_n^{\#}(M), F^{\#})$, 则

$$\lim_{m \to +\infty} \frac{1}{m} \ln \zeta_{\alpha k}(m) = \int w_k \mathrm{d}\mu, \quad \mu - \mathrm{a.e.} \ \alpha \in \mathcal{F}_n^{\#}(M).$$

**证明** 由引理 2.1.4 和 Birkhoff 遍历定理,

$$\lim_{m \to +\infty} \frac{1}{m} \ln \zeta_{\alpha k}(m) = \lim_{m \to +\infty} \frac{1}{m} \sum_{i=0}^{m-1} w_k(F^{\#i}(\alpha)) \xrightarrow{\text{Birkhoff}} \int w_k \mathrm{d}\mu,$$

$$\forall \alpha \in Q_\mu(\mathcal{F}_n^{\#}(M), F^{\#}). \qquad \square$$

**命题 2.1.6**　设 $f: M \to M$ 是 $n$ 维紧流形上的 $C^1$ 微分同胚, 保持遍历测度 $\nu \in \mathcal{M}_{\text{erg}}(M, f)$, 则存在 $\Lambda \subset M$, 满足:

(1) $f(\Lambda) = \Lambda$, $\nu(\Lambda) = 1$;

(2) 对任 $x \in \Lambda$ 存在 $0 \neq u \in T_x M$, 使得其 Lyapunov 指数存在:

$$\lim_{m \to +\infty} \frac{1}{m} \ln \|Df^m u\|.$$

**证明**　由引理 2.1.1, 存在 $\mu \in \mathcal{M}_{\text{erg}}(\mathcal{F}_n^{\#}, F^{\#})$ 满足 $\pi_* \mu = \nu$. 取 $\Lambda = \pi Q_\mu(\mathcal{F}_n^{\#}, F^{\#})$, 则 $\nu(\Lambda) = 1$, $f(\Lambda) = \Lambda$. 对 $x \in \Lambda$ 取 $\alpha = (u_1, \cdots, u_n) \in Q_\mu(\mathcal{F}_n^{\#}, F^{\#})$ 使 $\pi(\alpha) = x$, 则由引理 2.1.5 及其证明, 知

$$\lim_{m \to +\infty} \frac{1}{m} \ln \zeta_{\alpha k}(m) = \int w_k \, \mathrm{d}\mu.$$

注意到 $\zeta_{\alpha 1}(m) = \|Df^m(u_1)\|$, 则

$$\lim_{m \to +\infty} \frac{1}{m} \ln \|D_x f^m(u_1)\| = \int w_1 \, \mathrm{d}\mu.$$

这说明向量 $u_1$ 的 Lyapunov 指数存在. □

对于测度 $\nu \in \mathcal{M}_{\text{erg}}(M, f)$ 和覆盖 $\nu$ 的一个测度 $\mu \in \mathcal{M}_{\text{erg}}(\mathcal{F}_n^{\#}, F^{\#})$, 即 $\pi_* \mu = \nu$, 根据引理 2.1.5 几乎所有 $\mu$ 的正规标架 $\alpha \in \mathcal{F}_n^{\#}$, 下面形式的极限存在且等于廖函数的积分:

$$\lim_{m \to +\infty} \frac{1}{m} \ln \zeta_{\alpha k}(m) = \int \omega_k \, \mathrm{d}\mu, \quad k = 1, \cdots, n.$$

这样, $\mu$ 的一个全测度集合上所有正规标架决定至多 $n$ 个极限值. 由此推出 $\nu$ 几乎所有状态点 $x$ 的切空间 $T_x M$ 上存在一维子空间, 其每个非零向量的 Lyapunov 指数存在, 见命题 2.1.6. 廖山涛 1993 年证明[11]: 对 $\nu$ 几乎所有点 $x \in M$ 来说 $T_x M$ 的所有非零向量的 Lyapunov 指数都存在. $\nu$ 的所有 Lyapunov 指数恰为用廖函数的积分表述的这组数字:

$$\left\{ \int \omega_1 \, \mathrm{d}\mu, \int \omega_2 \mathrm{d}\mu, \cdots, \int \omega_n \mathrm{d}\mu \right\},$$

其中 $\mu \in \mathcal{M}_{\text{erg}}(\mathcal{F}_n^{\#}, F^{\#})$ 覆盖 $\nu$, 即 $\pi_* \mu = \nu$. 这组数字作为集合和覆盖测度的选取无关 (虽然排列顺序可以随覆盖测度变化), 参见文献 [18].

**定理 2.1.7** [11] [18]　设 $f\colon M \to M$ 是 $n$ 维紧流形上的 $C^1$ 微分同胚. 设 $\nu \in \mathcal{M}_{\mathrm{erg}}(M, f)$, 则存在 $\Lambda \subset M$ 满足:

(1) $f(\Lambda) = \Lambda$, $\nu(\Lambda) = 1$;

(2) 对任意 $x \in \Lambda$ 及 $0 \neq u \in T_x M$, Lyapunov 指数存在, 即极限

$$\lim_{m \to +\infty} \frac{1}{m} \ln \|Df^m u\|$$

存在. 且 $\nu$ 的所有 Lyapunov 指数 ($\forall 0 \neq u \in T_x, \forall x \in \Lambda$) 恰为

$$\int \omega_1 \mathrm{d}\mu, \cdots, \int \omega_n \mathrm{d}\mu,$$

其中 $\mu \in \mathcal{M}_{\mathrm{erg}}(\mathcal{F}_n^{\#}(M), F^{\#})$ 满足 $\pi_* \mu = \nu$.

这个定理证明冗长, 略去不讲.

有了 Lyapunov 指数的存在性, 可以将乘法遍历定理表述成更漂亮的形式 (我们略去讨论过程), 便于应用. 先介绍超平面的夹角概念.

**定义 2.1.8**　设 $\mathbb{R}^n$ 是两个维数大于等于 1 的线性子空间 (超平面) 的直和

$$\mathbb{R}^n = E \oplus K.$$

令

$$\angle(E, K) = \inf\{\angle(u, v) \mid u \in E,\ v \in K,\ \|u\| = \|v\| = 1\}$$

并称之为两个线性子空间 (超平面) 的**夹角**, 其中 $\angle(u, v) \in \left[-\dfrac{\pi}{2}, \dfrac{\pi}{2}\right]$ 指两个向量的夹角.

**定理 2.1.9**　设 $f\colon M \to M$ 是 $n$ 维紧致光滑 Riemann 流形上的 $C^1$ 微分同胚. 设 $\nu \in \mathcal{M}_{\mathrm{erg}}(M, f)$, 则存在:

(1) 实数 $\lambda_1 < \cdots < \lambda_s$ 满足 $s \leqslant n$;

(2) 正整数 $n_1, \cdots, n_s$ 满足 $n_1 + n_2 + \cdots + n_s = n$;

(3) 一个 Borel 子集 $\Lambda$, 满足 $f(\Lambda) = \Lambda$, $\nu(\Lambda) = 1$;

(4) 一个可测分解, $T_x M = E_1(x) \oplus \cdots \oplus E_s(x)$, $x \in \Lambda$ 满足

$$\dim E_k(x) = n_k, \quad Df E_k(x) = E_k(f(x)),$$

使得

$$\lim_{m\to+\infty} \frac{1}{m}\ln\|Df^m(u)\| = \lambda_k, \quad u \in E_k(x),\ x \in \Lambda,\ k = 1, 2, \cdots, s. \quad (4.1)$$

对 $S \subset N = \{1, \cdots, s\}$ 令 $E_S(x) = \bigoplus_{i \in S} E_i(x)$, 则

$$\lim_{m\to+\infty} \frac{1}{m}\ln|\sin\angle(E_S(f^m(x)), E_{N\setminus S}(f^m(x)))| = 0. \quad (4.2)$$

**注 2.1.10** 对 $1 \leqslant \ell \leqslant \dim M$, 令

$$\mathcal{L}_\ell(\Lambda) = \bigcup_{x \in \Lambda} \mathcal{L}_\ell(x),$$

其中的纤维是

$$\mathcal{L}_\ell(x) = \{T_x M \text{ 的 } \ell \text{ 维线性子空间}\}.$$

令

$$\mathcal{L}(\Lambda) = \bigcup_{1 \leqslant \ell \leqslant \dim M} \mathcal{L}_\ell(\Lambda)$$

并称之为 $\Lambda$ 上的 **Grassman 丛**. 这个丛是一个度量空间. 在 $\Lambda$ 和 $\mathcal{L}(\Lambda)$ 均有 Borel $\sigma$ 代数. 定理 2.1.8 (4) 中的分解可测是指下面映射 Borel 可测:

$$\Lambda \to \bigoplus_{i=1}^s \mathcal{L}(\Lambda),$$
$$x \mapsto E_1(x) \oplus \cdots \oplus E_s(x).$$

## §2.2　平均线性无关与格数

格数的概念由廖山涛引进[10], 指平均线性无关的向量的最大个数. 文献 [12] 给出平均线性无关的等价定义并引入无关数概念. 本节介绍平均线性无关及等价定义, 并引入格数概念.

### 2.2.1 平均线性无关

设 $f: M \to M$ 为紧致光滑 Riemann 流形上的微分同胚, 设 $TM$ 为切丛. 对于 $1 \leqslant \ell \leqslant \dim M$, 可以仿照上一节定义 $\ell$ 标架丛 $\mathcal{U}_\ell(M)$ 和相应的映射 $Df: \mathcal{U}_\ell(M) \to \mathcal{U}_\ell(M)$. 设 $x \in M$, 设 $\beta = (v_1, v_2, \cdots, v_\ell)$ 为 $x$ 点的线性无关向量组, 即 $\beta \in \mathcal{U}_\ell(x)$. 以 $\beta$ 的向量为边的平行多面体的体积如下定义: 取一个正规标架 $\alpha = (u_1, u_2, \cdots, u_\ell) \in \mathcal{F}_\ell^{\#}(x)$ (参考上一节 $\mathcal{F}_n^{\#}(x)$ 的定义可相仿地给出 $\mathcal{F}_\ell^{\#}(x)$), 使 $\alpha, \beta$ 生成同样的线性空间,

$$[u_1, u_2, \cdots, u_\ell] = [v_1, v_2, \cdots, v_\ell].$$

则存在 $\ell \times \ell$ 矩阵 $A$ 使 $\beta = \alpha A$. 则 $\beta$ 所张成的平行多面体的体积定义为

$$\mathrm{Vol}(\beta) = |\det A|.$$

我们指出体积定义与正规标架的选取无关. 事实上, 取另一个正规 $\ell$ 标架 $\alpha' \in \mathcal{F}_\ell^{\#}(x)$, 并设 $\alpha'$ 与 $\alpha$ 生成同一个线性子空间, 则存在正交矩阵 $C$ 使 $\alpha' = \alpha C$, 又存在矩阵 $B$ 使 $\beta = \alpha' B$. 于是 $\alpha C B = \alpha A$, $A = CB$. 因 $|\det C| = 1$, 则 $|\det A| = |\det B|$.

构造 $\ell$ 单位标架丛 $\mathcal{U}_\ell^{\#}(M) = \bigcup_{x \in M} \mathcal{U}_\ell^{\#}(x)$, 其中 $x$ 点的纤维是

$$\mathcal{U}_\ell^{\#}(x) = \{\alpha = (u_1, \cdots, u_\ell) \in \mathcal{U}_\ell(x) \mid \|u_i\| = 1, \ i = 1, 2, \cdots, \ell\}.$$

构造映射

$$D_x^{\#} f: \ \mathcal{U}_\ell^{\#}(x) \to \mathcal{U}_\ell^{\#}(fx),$$
$$(u_1, u_2, \cdots, u_\ell) \mapsto \left( \frac{D_x f(u_1)}{\|D_x f(u_1)\|}, \frac{D_x f(u_2)}{\|D_x f(u_2)\|}, \cdots, \frac{D_x f(u_\ell)}{\|D_x f(u_\ell)\|} \right).$$

用 $\pi: \mathcal{U}_\ell \to M$, $\mathcal{U}_\ell^{\#} \to M$ 表自然丛投射. 于是

$$\pi \circ Df = f \circ \pi, \quad \pi \circ D^{\#} f = f \circ \pi.$$

**定义 2.2.1** 称标架 $\alpha \in \mathcal{U}_\ell^{\#}(M)$ 为正向平均线性无关的, 如果存在 $\varepsilon > 0$, 使得集合

$$\{n \in \mathbb{Z}^+ \mid \mathrm{Vol}(D^{\#} f^n \alpha) \geqslant \varepsilon\}$$

的特征函数 $\chi_{\alpha\varepsilon}$ 有正的时间平均, 即

$$\limsup_{n\to+\infty}\frac{1}{n}\sum_{i=0}^{n-1}\chi_{\alpha\varepsilon}(i)>0.$$

为强调 $f$ 的迭代, 也将此式写成

$$\limsup_{n\to+\infty}\frac{1}{n}\sum_{i=0}^{n-1}\chi_{\alpha\varepsilon}(D^{\#}f^{i})>0.$$

如果对任意 $\varepsilon>0$ 上极限都是 0, 则称 $\alpha$ 为正向平均线性相关的.

类似地, 可定义负向平均线性相关和负向平均线性无关的标架.

设 $\alpha=(u_{1},u_{2},\cdots,u_{\ell})\in\mathcal{U}_{\ell}^{\#}(M)$. 用 $A(\alpha)$ 表示矩阵 $(<u_{i},u_{j}>)_{\ell\times\ell}$, 则 $A(\alpha)$ 是实正定的, 所有特征值都是正实数. 用 $\tau(\alpha)$ 表示 $A(\alpha)$ 的最小特征值. 行列式 $\det A(\alpha)$ 等于所有特征值的乘积 (重根按重数计算), $\tau(\alpha)$ 的大小与体积 $\mathrm{Vol}(\alpha)=(\det A(\alpha))^{\frac{1}{2}}$ (见引理 2.2.4) 大小紧密相关. 特别的,

$$\mathrm{Vol}(\alpha)>0\quad 当且仅当\quad \tau(\alpha)>0.$$

于是下面定义不难接受:

**定义 2.2.2**　称向量组 $\alpha\in\mathcal{U}_{\ell}^{\#}(M)$ 是正向平均线性无关的, 如果上极限值大于 0, 即

$$\widetilde{\tau}(\alpha)=\limsup_{n\to+\infty}\frac{1}{n}\sum_{i=0}^{n-1}\tau(D^{\#}f^{i}\alpha)>0.$$

如果上极限值等于 0, 则称 $\alpha$ 为正向平均线性相关的. 称 $\widetilde{\tau}(\alpha)$ 为 $\alpha$ 的正向平均无关数.

我们将证明定义 2.2.1 和定义 2.2.2 是等价的. 为此准备了两个引理.

**引理 2.2.3**　令 $\alpha\in\mathcal{U}_{\ell}^{\#}(M)$, 则

$$\frac{\det A(\alpha)}{\ell^{\ell-1}}\leqslant\tau(\alpha)\leqslant(\det A(\alpha))^{\frac{1}{\ell}}\leqslant 1.$$

**证明**　令

$$\sigma(\alpha) = \{\tau_1 \geqslant \tau_2 \geqslant \cdots \geqslant \tau_\ell = \tau(\alpha)\}$$

表示 $A(\alpha)$ 的所有特征值. 因

$$\det A(\alpha) = \prod_{i=1}^{\ell} \tau_i \geqslant \tau(\alpha)^\ell,$$

故

$$\tau(\alpha) \leqslant (\det A(\alpha))^{\frac{1}{\ell}}.$$

用 $(a_{ij})_{\ell \times \ell}$ 记 $A(\alpha)$ 并令

$$\|A(\alpha)\| = \max_{1 \leqslant i \leqslant \ell} \sum_{j=1}^{\ell} |a_{ij}|.$$

则 $\|A(\alpha)\| \leqslant \ell$. 对特征值 $\tau_i \in \sigma(\alpha)$, 取一个单位长特征向量 $u$, 则

$$\tau_i = \|\tau_i u\| = \|A(\alpha)u\| \leqslant \|A(\alpha)\|\|u\| = \|A(\alpha)\| \leqslant \ell.$$

因而

$$\det A(\alpha) = \prod_{i=1}^{\ell} \tau_i = \tau(\alpha) \prod_{i=1}^{\ell-1} \tau_i \leqslant \ell^{\ell-1} \tau(\alpha).$$

故

$$\frac{\det A(\alpha)}{\ell^{\ell-1}} \leqslant \tau(\alpha).$$

记 $\alpha = (u_1, \cdots, u_\ell)$, 则

$$(\det(A(\alpha)))^{\frac{1}{\ell}} = \left(\prod_{i=1}^{\ell} \tau_i\right)^{\frac{1}{\ell}} \leqslant \frac{\sum_{i=1}^{\ell} \tau_i}{\ell} = \frac{\sum_{i=1}^{\ell} <u_i, u_i>}{\ell} = 1.$$

故所求证不等式成立.　　　　　　　　　　　　□

下面的引理证明是平凡的, 留给读者思考练习.

**引理 2.2.4**　设 $x \in M$ 且 $\alpha \in \mathcal{U}_l^{\#}(x)$, $\beta \in \mathcal{F}_l^{\#}(x)$. 如果 $\alpha$ 和 $\beta$ 张成 $T_x M$ 的同一个子空间且 $\alpha = \beta B$, 则

$$\det A(\alpha) = (\det B)^2 = \text{Vol}(\alpha)^2.$$

**命题 2.2.5**　定义 2.2.1 和定义 2.2.2 等价.

**证明**　假设 $\alpha \in \mathcal{U}_\ell^{\#}(M)$ 满足

$$\widetilde{\tau}(\alpha) = \limsup_{n \to +\infty} \frac{1}{n} \sum_{i=0}^{n-1} \tau(D^{\#} f^i(\alpha)) > 0,$$

则存在实数 $1 \geqslant \delta > 0$ 和正整数列 $\{n_j\}_{j=1}^{+\infty}$ 满足

$$\lim_{j \to +\infty} \frac{1}{n_j} \sum_{i=0}^{n_j-1} \tau(D^{\#} f^i(\alpha)) = 2\delta.$$

任给 $0 \leqslant \mu \leqslant 1$, 记

$$N(\mu) := \#\{0 \leqslant i < n_j \mid \tau(D^{\#} f^i(\alpha)) \geqslant \mu\delta\},$$

由引理 2.2.3 知

$$\tau(D^{\#} f^i(\alpha)) \leqslant 1.$$

则当 $j$ 充分大时有

$$\frac{(n_j - N(\mu))\mu\delta + N(\mu)}{n_j} > \delta.$$

令 $\iota(\mu) := \dfrac{N(\mu)}{n_j}$, 则 $\iota(\mu) > \dfrac{\delta - \mu\delta}{1 - \mu\delta}$. 特别地, 对 $\mu = \dfrac{1}{2}$ 成立 $\iota\left(\dfrac{1}{2}\right) > \dfrac{\delta}{2 - \delta}$. 记

$$\varepsilon = \left(\frac{1}{2}\delta\right)^{\frac{\ell}{2}}.$$

由引理 2.2.3 和引理 2.2.4, 有

$$\text{Vol}(D^{\#} f^i(\alpha))^{\frac{2}{\ell}} = (\det A(D^{\#} f^i(\alpha)))^{\frac{1}{\ell}} \geqslant \tau(D^{\#} f^i(\alpha)),$$

于是我们有

$$\#\{0 \leqslant i \leqslant n_j - 1 \mid \mathrm{Vol}(D^\# f^i(\alpha)) \geqslant \varepsilon\}$$
$$\geqslant \# \left\{0 \leqslant i \leqslant n_j - 1 \left| \tau(D^\# f^i(\alpha)) \geqslant \frac{1}{2}\delta \right.\right\}$$
$$= N\left(\frac{1}{2}\right).$$

因而

$$\frac{1}{n_j} \sum_{i=0}^{n_j - 1} \chi_{\alpha\varepsilon}(D^\# f^i) \geqslant \frac{N\left(\frac{1}{2}\right)}{n_j} = \iota\left(\frac{1}{2}\right) > \frac{\delta}{2 - \delta}.$$

故

$$\limsup_{n \to +\infty} \frac{1}{n} \sum_{i=0}^{n-1} \chi_{\alpha\varepsilon}(D^\# f^i) > 0.$$

即由定义 2.2.2 可推出定义 2.2.1.

另一方面, 对 $\alpha \in \mathcal{U}_\ell^\#(M)$ 设

$$\limsup_{n \to +\infty} \frac{1}{n} \sum_{i=0}^{n-1} \chi_{\alpha\varepsilon}(D^\# f^i) > 0.$$

存在 $\{n_j\}_{j=1}^{+\infty}$ 和实数 $1 \geqslant \delta > 0$ 满足

$$\lim_{j \to +\infty} \frac{1}{n_j} \sum_{i=0}^{n_j - 1} \chi_{\alpha\varepsilon}(D^\# f^i) = 2\delta.$$

由引理 2.2.3 和引理 2.2.2, 我们有

$$\# \left\{0 \leqslant i \leqslant n_j - 1 \left| \tau(D^\# f^i(\alpha)) \geqslant \frac{\varepsilon^2}{\ell^{\ell-1}} \right.\right\}$$
$$\geqslant \#\{0 \leqslant i \leqslant n_j - 1 \mid \mathrm{Vol}(D^\# f^i(\alpha)) \geqslant \varepsilon\}.$$

则对 $j$ 充分大时, 有

$$\frac{1}{n_j} \sum_{i=0}^{n_j - 1} \tau(D^\# f^i(\alpha)) \geqslant \frac{\varepsilon^2}{\ell^{\ell-1}}\delta > 0.$$

于是,

$$\limsup_{n\to+\infty}\frac{1}{n}\sum_{i=0}^{n-1}\tau(D^{\#}f^i(\alpha)) > 0.$$

这说明定义 2.2.1 可推出定义 2.2.2. □

平均线性无关与平均线性相关是迭代不变的概念, $\alpha \in \mathcal{U}_\ell^{\#}(x)$ 正向平均线性无关则意味着 $D^{\#}f(\alpha) \in \mathcal{U}_\ell^{\#}(f(x))$ 也正向平均线性无关.

### 2.2.2 格数、Lyapunov 指数和维数

**定义 2.2.6** (1) 设 $x \in M$ 并令

$$k_+^*(x) := \max\{\ell \in \mathbb{N} \mid \exists\, \alpha \in \mathcal{U}_\ell^{\#}(x),\ \text{s.t.}\,\alpha\ \text{是正向平均线性无关的}\}$$

且

$$k_-^*(x) := \max\{\ell \in \mathbb{N} \mid \exists\, \alpha \in \mathcal{U}_\ell^{\#}(x),\ \text{s.t.}\,\alpha\ \text{是负向平均线性无关的}\}.$$

分别称 $k_+^*(x)$ 和 $k_-^*(x)$ 为 $f$ 在 $x$ 点的**正向格数**和**负向格数**; 称 $k^*(x) := \max\{k_+^*(x),\ k_-^*(x)\}$ 为 $f$ 在 $x$ 点的**格数**.

(2) 设 $F \subset M$ 是 $f$ 的一个不变集, 则 $F$ 的正向格数 $k_+^*(F)$ 和负向格数 $k_-^*(F)$ 分别定义为

$$k_+^*(F) := \sup_{x\in F} k_+^*(x) \quad \text{和} \quad k_-^*(F) := \sup_{x\in F} k_-^*(x).$$

$F$ 的格数 $k^*(F)$ 则定义为

$$k^*(F) := \max\{k_+^*(F),\ k_-^*(F)\}.$$

(3) 设 $m \in \mathcal{M}_{\mathrm{erg}}(M,f)$, 则 $m$ 的正向格数、负向格数和格数分别定义为

$$k_+^*(m) := k_+^*(Q_m), \quad k_-^*(m) := k_-^*(Q_m)$$

和

$$k^*(m) := \max\{k_+^*(m),\ k_-^*(m)\}.$$

我们将比较流形上微分同胚的格数, Lyapunov 指数的取值个数以及流形的维数. 在许多情况下, 格数和 Lyapunov 指数的个数是相等的. 下面的例子展示格数和 Lyapunov 指数的个数不相等的情况.

**例 1**　考虑 2 维流形 $M$ 上的 $C^1$ 微分同胚 $f$ 和它的一条周期轨

$$\mathrm{Orb}(x, f) = \{x, f(x), \cdots, f^{n-1}(x)\}.$$

假设我们的微分同胚满足 $D_x f^n = 3I_{2\times 2}: T_x M \to T_x M$, 其中 $I_{2\times 2}$ 是 $2 \times 2$ 阶的单位阵. 记 $m$ 为周期轨上的原子测度, 则 $\ln 3$ 是唯一的 Lyapunov 指数. 取定一组单位正交基 $\alpha = (e_1(x), e_2(x)) \in \mathcal{F}_2^{\#}(x)$. 因 $\mathrm{Vol}(D^{\#} f^n(e_1(x), e_2(x))) = 1$, $\forall n \in \mathbb{Z}^+$, 则 $k^*(m) = 2$.

此例说明格数可能严格大于 Lyapunov 指数的个数. 下面的例 2 表明格数可能严格小于流形 $M$ 的维数.

**例 2**　设 $\phi: \mathbb{R} \to \mathbb{R}$ 是一个 $C^\infty$ 的函数 (见图 2.2), 满足

$$\phi(x) = 0, \quad x \leqslant \frac{1}{2} \ \text{或} \ x \geqslant \frac{3}{2}$$

和

$$\left.\frac{\mathrm{d}\phi}{\mathrm{d}x}\right|_{x=1} = b \neq 0.$$

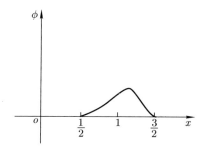

**图 2.2**

在极坐标系下定义一个函数

$$\psi: \ \mathbb{R}^2 \to \mathbb{R}^2,$$
$$(r, \theta) \mapsto (r, \theta + \phi(r)).$$

这是 $C^\infty$ 型的微分同胚. 由于 $r \geqslant \dfrac{3}{2}$ 时 $\phi(r) = 0$, $\psi$ 可以延拓到球面 $\mathbb{S}^2 = \mathbb{R}^2 \cup \{\infty\}$ 上的 $C^\infty$ 微分同胚 $f\colon \mathbb{S}^2 \to \mathbb{S}^2$, 满足 $f(z) = \psi(z)$, $z \in \mathbb{R}^2$. 易见 $\Gamma\colon r = 1$ 是 $\mathbb{S}^2$ 上闭的 $f$ 不变集. 对任意点 $z \in \Gamma$ 命 $u_z$ 和 $u'_z$ 分别表示 $\Gamma$ 在 $\mathbb{R}^2$ 内的单位长的 (逆时针方向的) 切向量和 (外向的) 法向量, 则 $\alpha_z = (u_z, u'_z) \in \mathcal{F}_2^{\#}(z)$. 从 $f$ 的定义易验证

$$
\begin{aligned}
D_z f^n(\alpha_z) &= (u_{f^n(z)}, nb u_{f^n(z)} + u'_{f^n(z)}) \\
&= (u_{f^n(z)}, u'_{f^n(z)}) B^n \\
&= \alpha_{f^n(z)} B^n,
\end{aligned}
$$

其中 $\alpha_{f^n(z)} \in \mathcal{F}_2^{\#}(f^n(z))$,

$$
B = \begin{pmatrix} 1 & b \\ 0 & 1 \end{pmatrix}.
$$

对任意给定的 $\gamma_z = (w_z, w'_z) \in \mathcal{U}_2^{\#}(z)$, 则存在非退化矩阵

$$
C = \begin{pmatrix} c_1 & c'_1 \\ c_2 & c'_2 \end{pmatrix},
$$

满足 $\gamma_z = \alpha_z C$. 因而

$$
\begin{aligned}
D_z f^n(\gamma_z) &= \alpha_{f^n(z)} B^n C \\
&= ((c_1 + nbc_2) u_{f^n(z)} + c_2 u'_{f^n(z)}, (c'_1 + nbc'_2) u_{f^n(z)} + c'_2 u'_{f^n(z)}).
\end{aligned}
$$

记

$$
\begin{aligned}
w_{zn} &= (c_1 + nbc_2) u_{f^n(z)} + c_2 u'_{f^n(z)}, \\
w'_{zn} &= (c'_1 + nbc'_2) u_{f^n(z)} + c'_2 u'_{f^n(z)},
\end{aligned}
$$

则

$$
\begin{aligned}
\operatorname{Vol}(D^{\#} f^n(\gamma_z)) &= \frac{\operatorname{Vol}(D f^n(\gamma_z))}{\|w_{zn}\| \|w'_{zn}\|} = \frac{\operatorname{Vol}(\alpha_{f^n(z)}) |\det B^n| |\det C|}{\|w_{zn}\| \|w'_{zn}\|} \\
&= \frac{|\det C|}{\|w_{zn}\| \|w'_{zn}\|}.
\end{aligned}
$$

因为 $\det C \neq 0$, $c_2$ 和 $c_2'$ 不能同时为 0. 故当 $n \to +\infty$ 时, $\|w_{zn}\| \to \infty$ 或 $\|w_{zn}'\| \to \infty$. 于是总有

$$\mathrm{Vol}(D^{\#} f^n(\gamma_z)) \to 0, \quad n \to +\infty.$$

由 $z$ 和 $\gamma_z$ 的任意性, 我们有

$$k^*(\Gamma) = 1 < 2 = \dim \mathbb{S}^2.$$

## §2.3 格数决定覆盖测度的存在性

格数的一个用途是决定多少维的单位标架丛上存在不变的遍历测度[5]. 本节介绍存在性定理[12].

设 $f\colon M \to M$ 是紧致光滑 Riemannn 流形上的 $C^1$ 微分同胚. 根据遍历理论必存在 Borel 测度使之成为 $f$ 保持的遍历测度, 即 $\mathcal{M}_{\mathrm{erg}}(M, f) \neq \emptyset$.

设 $1 \leqslant \ell \leqslant \dim M$, 考虑系统

$$D^{\#} f\colon \mathcal{U}_{\ell}^{\#}(M) \to \mathcal{U}_{\ell}^{\#}(M).$$

我们指出 $\mathcal{U}_{\ell}^{\#}(M)$ 是**非紧致**的. 为此, 我们看一个 $\ell = 2$ 的例子. 设 $f^n(x) \to y$ $(n \to +\infty)$, 设 $\alpha = (u_1, u_2) \in \mathcal{U}_2^{\#}(x)$ 且 $D^{\#} f^n(\alpha)$ 的夹角随 $n$ 增大而趋于 0, 则此 2 标架序列的极限不再是 2 标架, 如图 2.3 所示. 故 $\mathcal{U}_2^{\#}(M)$ 非紧致的.

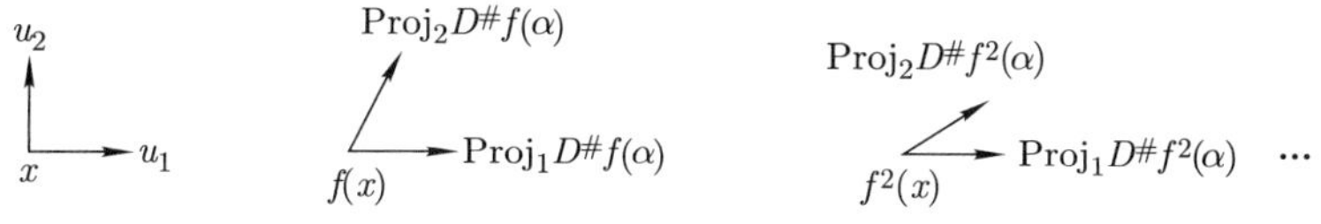

**图 2.3**

非紧致空间上的同胚 $(\mathcal{U}_{\ell}^{\#}(M), D^{\#} f)$ 是否保持 Borel 测度是一个需要研究的课题. 本节我们指出, 这个存在性课题取决于 $(M, f)$ 的格数.

构造一个丛 $\mathcal{V}_\ell^\#(M) = \bigcup\limits_{x \in M} \mathcal{V}_\ell^\#(x)$, 其中 $x$ 点的纤维是

$$\mathcal{V}_\ell^\#(x) = \{\alpha = (u_1, \cdots, u_\ell) \in \underbrace{T_x M \times \cdots \times T_x M}_{\ell} \mid \|u_i\| = 1,$$

$$u_1,, \cdots, u_\ell \text{ 线性相关}\}.$$

令

$$L_\ell^\#(M) = \mathcal{U}_\ell^\#(M) \cup \mathcal{V}_\ell^\#(M).$$

用 $\pi \colon L_\ell^\#(M) \to M$ 表示自然丛映射. 令

$$D^\# f \colon L_\ell^\#(M) \to L_\ell^\#(M),$$

$$D^\# f(u_1, \cdots, u_\ell) = \left( \frac{Df(u_1)}{\|Df(u_1)\|}, \cdots, \frac{Df(u_\ell)}{\|Df(u_\ell)\|} \right).$$

则

$$\pi \circ D^\# f = f \circ \pi.$$

我们指出 $L_\ell^\#(M)$ 是紧致度量空间. 事实上, 用 $T^\# M$ 表示单位切丛, 用 $\pi \colon T^\#(M) \to M$ 表示自然丛映射. 则

$$L_\ell^\#(M) = \{(u_1, \cdots, u_\ell) \in \underbrace{T^\# M \times \cdots \times T^\# M}_{\ell} \mid \pi(u_1) = \cdots = \pi(u_\ell)\}.$$

$T^\# M$ 紧致进而乘积空间 $\underbrace{T^\# M \times \cdots \times T^\# M}_{\ell}$ 紧致. 作为连续映射 $\underbrace{\pi \times \cdots \times \pi}_{\ell}$ 在 $\underbrace{M \times \cdots \times M}_{\ell}$ 的主对角线的逆像 $L_\ell^\#(M)$ 是紧致的. 于是 $(L_\ell^\#(M), D^\# f)$ 是紧致度量空间的同胚, $(\mathcal{U}_\ell^\#(M), D^\# f)$ 和 $(\mathcal{V}_\ell^\#(M), D^\# f)$ 分别是开子空间上的同胚和闭子空间上的同胚.

**定理 2.3.1**　设 $f \colon M \to M$ 是 $C^1$ 微分同胚且保持一个遍历测度 $m \in \mathcal{M}_{\mathrm{erg}}(M, f)$. 记 $k$ 为测度 $m$ 的正向格数 $k_+^*(m)$, 或负向格数 $k_-^*(m)$, 或格数 $k^*(m)$. 记 $\mathcal{U}_k^\#(Q_m(M, f))$ 为丛 $\mathcal{U}_k^\#(M)$ 在 $Q_m(M, f)$ 上的限制. 则存在一个 $D^\# f$ 不变的遍历测度

$$\mu \in \mathcal{M}_{\mathrm{erg}}(\mathcal{U}_k^\#(Q_m(M, f)), D^\# f)$$

满足 $\pi_*(\mu) = m$. 反之, 如果正整数 $\ell$ 满足

$$\pi_\ell^{-1}m \cap \mathcal{M}_{\mathrm{erg}}(\mathcal{U}_\ell^\#(M), D^\# f) \neq \emptyset,$$

则必有 $\ell \leqslant k$.

**证明思路** 我们只证 $k = k_+^*(m)$ 的情况, 对 $k_-^*(m)$ 或 $k^*(m)$ 的情况其证明是类似的. 记

$$F := \mathrm{Cl}(Q_m(M, f)) \quad (\text{取闭包}).$$

则 $F$ 是一个 $f-$ 不变闭子集. 注意到 $(L_k^\#(F), D^\# f)$ 是紧致度量空间上的一个连续同胚, 根据遍历论有

$$\mathcal{M}_{\mathrm{erg}}(L_k^\#(F), D^\# f) \neq \emptyset.$$

显然

$$\pi \circ D^\# f(\alpha) = f \circ \pi(\alpha), \quad \forall \alpha \in L_k^\#(F).$$

根据引理 2.1.1 总存在 $\mu \in \mathcal{M}_{\mathrm{erg}}(L_k^\#(F), D^\# f)$ 满足 $\pi_*(\mu) = m$. 我们将选一个测度 $\mu \in \mathcal{M}_{\mathrm{erg}}(\mathcal{U}_k^\#(Q_m(M, f)), D^\# f)$ 满足 $\pi_*(\mu) = m$. 换言之, 所选测度 $\mu$ 既不支撑在 $\mathcal{V}_k^\#(F)$ 上, 也不支撑在 $\mathcal{U}_k^\#(\mathrm{Cl}\, Q_m(M, f) \setminus Q_m(M, f))$ 上. 这里, $\mu$ 支撑在集合 $A$ 上是指 $\mu(A) = 1$. 我们的证明会采用引理 2.1.1 的部分证明思路.

**定理证明** **第一步** 找出 $(L_k^\#(F), D^\# f)$ 中覆盖 $m$ 的所有遍历测度.

由测度的格数定义, 可取定一个点 $x \in Q_m(M, f)$, 一个向量组 $\alpha \in \mathcal{U}_k^\#(x)$ 和正实数 $\varepsilon > 0$ 满足

$$\limsup_{n \to +\infty} \frac{1}{n} \sum_{i=0}^{n-1} \chi_{\alpha\varepsilon}(i) > 0. \tag{2.1}$$

在空间 $L_k^\#(F)$ 上定义测度列 $\mu_n$ 如下:

$$\int \phi \mathrm{d}\mu_n := \frac{1}{n} \sum_{i=0}^{n-1} \phi(D^\# f^i(\alpha)), \quad \forall \phi \in C^0(L_k^\#(F), \mathbb{R}).$$

我们可以假设 (必要时取子列) $\mu_n \to \mu_0$. 容易验证 $\mu_0$ 是覆盖 $m$ 的 $D^\# f$ 不变测度, 即 $\pi_*(\mu_0) = m$. 令

$$Q(L_k^\#(F), D^\# f) := \bigcup_{\nu \in \mathcal{M}_{\mathrm{erg}}(L_k^\#(F), D^\# f)} Q_\nu(L_k^\#(F), D^\# f).$$

因为

$$D^\# f \colon L_k^\#(F) \to L_k^\#(F)$$

是紧致度量空间上的连续同胚, 则 $Q(L_k^\#(F), D^\# f)$ 是非空集合, 它还是 $L_k^\#(F)$ 上的 $D^\# f$ 不变的全测集, 即用 $L_k^\#(F)$ 上每个不变测度去量均测度为 $1$. 我们有

$$\begin{aligned} m(Q_m(M, f) &\cap \pi Q(L_k^\#(F), D^\# f)) \\ &\geqslant \mu_0(\pi^{-1} Q_m(M, f) \cap Q(L_k^\#(F), D^\# f)) \\ &= 1. \end{aligned}$$

于是集合

$$\begin{aligned} \mathcal{A} := \{\mu \in \mathcal{M}_{\mathrm{erg}}(L_k^\#(F), D^\# f) \mid \exists \gamma \in Q(L_k^\#(F), D^\# f), \\ \pi(\gamma) \in Q_m(M, f), \mathrm{s.t.}\, \gamma \text{ 的单个测度是 } \mu\} \end{aligned}$$

非空. 显然每个测度 $\mu \in \mathcal{A}$ 均覆盖 $m$ 即 $\pi_*(\mu) = m$. 于是我们有

$$\mathcal{A} = \{\mu \in \mathcal{M}_{\mathrm{erg}}(L_k^\#(F), D^\# f) \mid \pi_*(\mu) = m\}.$$

**第二步**　选取覆盖 $m$ 的测度 $\mu \in \mathcal{A}$ 满足 $Q_\mu(L_k^\#(F), D^\# f) \subset \mathcal{U}_k^\#(Q_m(M, f))$.

我们需要借助第一步定出的测度 $\mu_0$, 把它当作 "参考测度".

当一个测度 $\mu \in \mathcal{M}_{\mathrm{erg}}(L_k^\#(F), D^\# f) \setminus \mathcal{A}$ 时, 由 $\mathcal{A}$ 的定义, $\pi_*(\mu) \neq m$, 且

$$\pi^{-1} Q_m(M, f) \cap Q_\mu(L_k^\#(F), D^\# f) = \emptyset.$$

据遍历分解定理有

$$\mu_0 \left( \bigcup_{\mu \in \mathcal{M}_{\mathrm{erg}}(L_k^\#, D^\# f)} (Q_\mu(L_k^\#, D^\# f) \cap F_\mu) \right) = 1,$$

进而有

$$
\mu_0\left(\bigcup_{\mu\in\mathcal{A}}(Q_\mu(L_k^\#,D^\# f)\cap F_\mu)\right)
$$

$$
=\mu_0\left(\pi^{-1}Q_m(M,f)\cap\left(\bigcup_{\mu\in\mathcal{A}}(Q_\mu(L_k^\#,D^\# f)\cap F_\mu)\right)\right)
$$

$$
=\mu_0\left(\pi^{-1}Q_m(M,f)\cap\left(\bigcup_{\mu\in\mathcal{M}_{\mathrm{erg}}(L_k^\#,D^\# f)}(Q_\mu(L_k^\#,D^\# f)\cap F_\mu)\right)\right)
$$

$$
=1, \tag{2.2}
$$

其中 $F_\mu$ 是一个 $\mu-$ 全测集, $\mu\in\mathcal{M}_{\mathrm{erg}}(L_k^\#(F),D^\# f)$.

我们有**断言 1**:

$$
\mu_0\left(\mathcal{U}_k^\#(F)\cap\left(\bigcup_{\mu\in\mathcal{A}}(Q_\mu(L_k^\#,D^\# f)\cap F_\mu)\right)\right)>0,
$$

其中 $F_\mu$ 是 $\mu$ 的一个全测集, $\mu\in\mathcal{A}$.

我们定义一个连续函数

$$
\phi\colon L_k^\#(F)\to\mathbb{R}
$$

满足 $0\leqslant\phi\leqslant 1$, $\phi\left\{\beta\colon\mathrm{Vol}(\beta)\leqslant\dfrac{3\varepsilon}{4}\right\}=0$, 且 $\phi\{\beta\colon\varepsilon\leqslant\mathrm{Vol}(\beta)\leqslant 1\}=1$. 记 $\chi_{\{\beta\colon\frac{\varepsilon}{2}\leqslant\mathrm{Vol}(\beta)\leqslant 1\}}$ 为 $\left\{\beta\in L_k^\#(F)\colon\dfrac{\varepsilon}{2}\leqslant\mathrm{Vol}(\beta)\leqslant 1\right\}$ 的特征函数, 则

$$
\phi\leqslant\chi_{\{\beta\colon\frac{\varepsilon}{2}\leqslant\mathrm{Vol}(\beta)\leqslant 1\}}.
$$

回顾第一步在 (2.1) 式取出的 $\alpha\in\mathcal{U}_k^\#(x)$, $x\in Q_m(M,f)$ 和 $\varepsilon>0$, 以及

由 $\alpha$ 定义的测度列 $\{\mu_n\}$ 收敛于 $\mu_0$. 我们有

$$\mu_n\left\{\beta\colon \frac{\varepsilon}{2} \leqslant \operatorname{Vol}(\beta) \leqslant 1\right\}$$

$$= \int \chi_{\{\beta\colon \frac{\varepsilon}{2} \leqslant \operatorname{Vol}(\beta) \leqslant 1\}} \mathrm{d}\mu_n$$

$$\geqslant \int \phi \mathrm{d}\mu_n$$

$$= \frac{1}{n}\sum_{i=0}^{n-1} \phi(D^{\#}f^i(\alpha))$$

$$\geqslant \frac{1}{n}\sum_{i=0}^{n-1} \chi_{\alpha\varepsilon}(i).$$

由 (2.1) 式当 $n$ 充分大时有

$$\mu_n\left\{\beta\colon \frac{\varepsilon}{2} \leqslant \operatorname{Vol}(\beta) \leqslant 1\right\} > c > 0$$

对某个 $c$ 成立. 因为 $\left\{\beta\colon \dfrac{\varepsilon}{2} \leqslant \operatorname{Vol}(\beta) \leqslant 1\right\}$ 是 $L_k^{\#}(F)$ 中的闭子集且 $\mu_n \to \mu_0$, 则

$$\mu_0\left\{\beta\colon \frac{\varepsilon}{2} \leqslant \operatorname{Vol}(\beta) \leqslant 1\right\} \geqslant \limsup_{n\to+\infty} \mu_n\left\{\beta\colon \frac{\varepsilon}{2} \leqslant \operatorname{Vol}(\beta) \leqslant 1\right\} > 0.$$

因此

$$\mu_0(\mathcal{U}_k^{\#}(F)) \geqslant \mu_0\left\{\beta\colon \frac{\varepsilon}{2} \leqslant \operatorname{Vol}(\beta) \leqslant 1\right\} > 0.$$

据 (2.2) 式断言 1 获证.

现在我们给出**断言 2**: 存在 $\mu^* \in \mathcal{A}$ 使

$$\mu^*(\mathcal{U}_k^{\#}(F) \cap E_{\mu^*}) > 0$$

对 $D^{\#}f$ 不变的 $\mu^*$ 的某个全测集 $E_{\mu^*}$ 成立.

事实上, 假设断言 2 不成立, 对任意 $\mu \in \mathcal{A}$ 有

$$\mu(\mathcal{V}_k^{\#}(F) \cap Q_\mu) = 1.$$

记 $F_\mu = \mathcal{V}_k^{\#}(F) \cap Q_\mu$, 则它是 $D^{\#}f-$ 不变的 $\mu-$ 全测集. 于是

$$\mathcal{U}_k^{\#}(F) \cap F_\mu = \emptyset, \quad \forall \mu \in \mathcal{A},$$

进而

$$\mu_0\left(\mathcal{U}_k^{\#}(F) \cap \left(\bigcup_{\mu \in \mathcal{A}}(Q_\mu(L_k^{\#}(F), D^{\#}f) \cap F_\mu)\right)\right) = 0$$

与断言 1 矛盾. 故断言 2 获证.

取断言 2 中的测度 $\mu^*$. 由遍历性有

$$\mu^*(\mathcal{U}_k^{\#}(F) \cap E_{\mu^*}) = 1,$$

$$Q_{\mu^*}(L_k^{\#}(F), D^{\#}f) \cap E_{\mu^*} \subset \mathcal{U}_k^{\#}(F),$$

其中 $E_{\mu^*}$ 是 $D^{\#}f$ 不变的 $\mu^*$ 全测的一个集合. 因为 $\mu^*$ 覆盖 $\mu$, 根据引理 2.1.1 有

$$\pi Q_{\mu^*}(L_k^{\#}(F), D^{\#}f) \subset Q_m(M, f).$$

故

$$\mu^* \in \mathcal{M}_{\mathrm{erg}}(\mathcal{U}_k^{\#}(Q_m(M, f))).$$

记 $\mu := \mu^*$, 则 $\mu$ 即为所求. 至此, 我们证明了定理的第一部分.

**第三步** 证明定理的第二部分, 即格数是允许覆盖测度的最大整数.

设 $\mu \in \mathcal{M}_{\mathrm{erg}}(\mathcal{U}_\ell^{\#}(M), D^{\#}f)$ 覆盖 $m$, 即 $\pi_*\mu = m$. 由定义 2.2.2 知

$$\tau : \mathcal{U}_\ell^{\#}(M) \to \mathbb{R}$$

是正函数. 根据文献 [12] 中的 Prop. 2.6 可知 $\tau$ 是连续函数, 又根据遍历定理有对每个 $\alpha \in Q_\mu$ 有

$$\limsup_{n \to +\infty} \frac{1}{n} \sum_{i=0}^{n-1} \tau(D^{\#}f^i(\alpha)) = \int_{Q_\mu} \tau \mathrm{d}\mu > 0.$$

这意味着每个 $x \in \pi Q_\mu$ 的切空间 $T_x M$ 上存在正向平均线性无关的 $\ell$ 标架. 因为 $\pi Q_\mu$ 是 $m$ 的全测度集合且是 $f$ 不变集合, 根据定义 2.2.6 有

$$\ell \leqslant k_+^*(\pi Q_\mu) \leqslant k_+^*(Q_m) = k_+^*(m) = k. \qquad \square$$

由上述定理及其证明看到, $m \in \mathcal{M}_{\mathrm{erg}}(M, f)$ 存在覆盖测度 $\mu \in \mathcal{M}_{\mathrm{erg}}(\mathcal{U}_\ell^{\#}(M), D^{\#}f)$ 当且仅当 $\ell \leqslant k^*(m)$.

## §2.4　格数的变分原理和无关数的变分原理

本节证明, 微分动力系统的最大格数和丛提升系统的最大无关数都可以在遍历测度上达到, 而且达到最大无关数的遍历测度覆盖达到最大格数的遍历测度[5][12].

**定理 2.4.1**　设 $f: M \to M$ 是紧致光滑 Riemann 流形 $M$ 上的 $C^1$ 微分同胚, 保持遍历测度 $m \in \mathcal{M}_{\mathrm{erg}}(M, f)$, 则

(1)　　　　　　$k_-^*(x) = k_-^*(m), \quad k_+^*(x) = k_+^*(m),$

对 $m - \mathrm{a.e.}\ x \in M$ 成立, 且

$$k_-^*(m) = k_+^*(m) = k^*(m) \triangleq k;$$

(2) 对 $m - \mathrm{a.e.}\ x \in M$, 存在一个 $k-$ 标架 $\alpha \in \mathcal{U}_k^\#(x)$ 满足

$$\lim_{\varepsilon \to 0} \limsup_{n \to +\infty} \frac{1}{n} \sum_{i=0}^{n-1} \chi_{\alpha\varepsilon}(D^\# f^i) = \lim_{\varepsilon \to 0} \limsup_{n \to -\infty} \frac{1}{|n|} \sum_{i=0}^{n-1} \chi_{\alpha\varepsilon}(D^\# f^i) = 1; \quad (2.3)$$

(3) 存在 $\mu \in \mathcal{M}_{\mathrm{erg}}(\mathcal{U}_k^\#(Q_m), D^\# f)$ 满足 $\pi_*(\mu) = m$, 使得

$$\{\alpha \in \mathcal{U}_k^\#(M) \mid \alpha \text{ 满足 (2.3) 式}\}$$

构成 $\mu-$ 全测集.

**证明**　令 $k = k_+^*(m)$. 由定理 2.3.1 取定一个测度

$$\mu \in \mathcal{M}_{\mathrm{erg}}(\mathcal{U}_k^\#(Q_m(M, f)))$$

使之覆盖 $m$, 亦即 $\pi_* \mu = m$. 易知 $\pi Q_\mu(\mathcal{U}_k^\#, D^\# f) \subset Q_m(M, f)$ 且 $m(\pi Q_\mu(\mathcal{U}_k^\#, D^\# f)) = 1$. 现在我们同时证明定理的 (1) (2) (3).

令

$$F = \mathrm{Cl}(Q_m(M, f)).$$

则 $L_k^\#(F)$ 是紧的且 $D^\# f-$ 不变的. 对每个正整数 $j$, 记

$$U_j := \left\{ \gamma \in L_k^\#(F) \,\Big|\, \mathrm{Vol}(\gamma) > \frac{1}{j} \right\}$$

和

$$W_j := \left\{ \gamma \in L_k^{\#}(F) \middle| \mathrm{Vol}(\gamma) \geqslant \frac{1}{j} \right\},$$

则

$$U_1 \subset W_1 \subset U_2 \subset W_2 \subset \cdots U_j \subset W_j \subset U_{j+1} \subset \cdots.$$

根据 Urysohn 引理, 可取连续函数列

$$\phi_j \colon L_k^{\#}(F) \to \mathbb{R}$$

满足 $\phi_j(W_j) = 1$, $\phi_j(L_k^{\#}(F) \setminus U_{j+1}) = 0$, 且 $0 \leqslant \phi_j \leqslant 1$. 则

$$\chi_{W_j} \leqslant \phi_j \leqslant \chi_{W_{j+1}},$$

其中 $\chi_{W_j}$ 和 $\chi_{W_{j+1}}$ 分别表示 $W_j$ 和 $W_{j+1}$ 的特征函数.

对每个 $x \in \pi Q_\mu(\mathcal{U}_k^{\#}, D^{\#}f)$, 取 $\alpha \in Q_\mu(\mathcal{U}_k^{\#}, D^{\#}f)$ 满足 $\pi(\alpha) = x$. 我们有

$$\begin{aligned}
\limsup_{n \to +\infty} & \frac{1}{n} \sum_{i=0}^{n-1} \chi_{\alpha \frac{1}{j+1}}(D^{\#}f^i) \\
&= \limsup_{n \to +\infty} \frac{1}{n} \sum_{i=0}^{n-1} \chi_{W_{j+1}}(D^{\#}f^i(\alpha)) \\
&\geqslant \lim_{n \to +\infty} \frac{1}{n} \sum_{i=0}^{n-1} \phi_j(D^{\#}f^i(\alpha)) \\
&= \int \phi_j \, \mathrm{d}\mu \\
&\geqslant \int \chi_{W_j} \, \mathrm{d}\mu \\
&= \mu(W_j) \to 1, \quad j \to +\infty.
\end{aligned}$$

故 $k_+^*(x) = k_+^*(m) = k$, $m - \text{a.e. } x \in M$. 注意到对上面取出的 $\alpha$ 有

$$\limsup_{n \to -\infty} \frac{1}{|n|} \sum_{i=0}^{n-1} \chi_{\alpha \frac{1}{j+1}}(D^{\#}f^i) \geqslant \mu(W_j) \to 1, \quad j \to +\infty.$$

则根据定义 2.2.6 知 $k_-^*(m) \geqslant k_+^*(m)$.

类似地讨论 $k = k_*^*(m)$ 的情况, 我们可以得到 $k_-^*(x) = k_-^*(m)$, $m - \text{a.e. } x \in M$, 且 $k_+^*(m) \geqslant k_-^*(m)$. 这些说明, 对 $m - \text{a.e. } x \in M$ 有 $k_-^*(x) = k_-^*(m), k_+^*(x) = k_+^*(m)$ 且 $k_-^*(m) = k_+^*(m) = k^*(m)$. 因此 (1) 获证.

上面论证了, 每个 $\alpha \in Q_\mu(\mathcal{U}_k^\#, D^\# f)$ 均满足

$$\lim_{\varepsilon \to 0} \limsup_{n \to +\infty} \frac{1}{n} \sum_{i=0}^{n-1} \chi_{\alpha\varepsilon}(D^\# f^i) = \limsup_{\varepsilon \to 0} \lim_{n \to -\infty} \frac{1}{|n|} \sum_{i=0}^{n-1} \chi_{\alpha\varepsilon}(D^\# f^i) = 1,$$

亦即满足 (2.3) 式. 于是满足 (2.3) 式的 $\alpha$ 构成 $\mu-$ 全测集, 因此 (2) 和 (3) 也获证. □

对于遍历的微分概率系统 $(M, f, m)$ 而言, 格数是个整体概念, 即 $m$ 几乎所有点的格数相等. 对于遍历的标架概率系统 $(\mathcal{U}_k^\#(Q_m), D^\# f, \mu)$ 而言, $\mu$ 几乎所有标架的平均无关性均可用极限 (而不是上极限) 定义, 参见定义 2.2.2.

对于单位标架 $\alpha \in \mathcal{U}_k^\#(M)$, 称

$$\widetilde{\tau}(\alpha) = \limsup_{n \to +\infty} \frac{1}{n} \sum_{i=0}^{n-1} \tau(D^\# f^i \alpha)$$

为 $\alpha$ 的**无关数**, 参见定义 2.2.2. 对 $\mu \in \mathcal{M}_{\text{erg}}(\mathcal{U}_k^\#(M), D^\# f)$, 令

$$\widetilde{\tau}(\mu) = \sup\{\widetilde{\tau}(\alpha) \mid \alpha \in Q_\mu(\mathcal{U}_k^\#(M), D^\# f)\}$$

并称之为 $\mu$ 的**无关数**. 因 $\tau: \mathcal{U}_k^\#(M) \to \mathbb{R}$ 连续 (参见文献 [12] Prop. 2.6), 且易知 $\tau$ 有界:

$$\tau(\alpha) = \|\tau(\alpha)u\| = \|A(\alpha)u\| \leqslant \|A(\alpha)\| \leqslant \dim M,$$

其中 $u$ 是单位长的特征向量, 故 $\tau \in L^1(\mu)$. 根据 Birkhoff 遍历定理我们有

$$\int \tau \mathrm{d}\mu = \lim_{n \to \pm\infty} \frac{1}{|n|} \sum_{i=0}^{n-1} \tau(D^\# f^i \alpha) = \widetilde{\tau}(\alpha), \quad \forall \alpha \in Q_\mu(\mathcal{U}_k^\#(M), D^\# f).$$

$$(2.4)$$

因此 $\mu$ 的无关数 $\tilde{\tau}(\mu) =: \sup\limits_{\alpha \in Q_\mu} \tilde{\tau}(\alpha)$ 有等价定义 $\tilde{\tau}(\mu) = \int \tau \mathrm{d}\mu.$

下面定理建立了格数的变分原理和无关数的变分原理.

**定理 2.4.2** 设 $f \colon M \to M$ 是紧致光滑 Riemann 流形 $M$ 上的 $C^1$ 微分同胚. 令

$$k = k^*(M),$$

则存在测度 $m_0 \in \mathcal{M}_{\mathrm{erg}}(M, f)$ 及其覆盖测度 $\nu_0 \in \mathcal{M}_{\mathrm{erg}}(\mathcal{U}_k^{\#}(Q_{m_0}), D^{\#}f)$ (亦即 $\pi_*(\nu_0) = m_0$) 满足

$$k^*(x) = k^*(m_0) = \max\{k^*(m) \mid m \in \mathcal{M}_{\mathrm{erg}}(M, f)\} = k, \quad m_0 - \text{a.e. } x \in M$$

且

$$\tilde{\tau}(\beta) = \tilde{\tau}(\nu_0) = \sup_{\mu \in \mathcal{M}_{\mathrm{erg}}(\mathcal{U}_k^{\#}(M), D^{\#}f)} \tilde{\tau}(\mu) = \sup_{\alpha \in \mathcal{U}_k^{\#}(M)} \tilde{\tau}(\alpha),$$

$$\nu_0 - \text{a.e. } \beta \in \mathcal{U}_k^{\#}(M).$$

**证明　第一步**　找一个遍历测度 $m \in \mathcal{M}_{\mathrm{erg}}(M, f)$ 满足 $k^*(m) = k^*(M).$

记 $k := k^*(M)$, 记 $L_k^{\#} = L_k^{\#}(M)$. 考虑拓扑系统 $(L_k^{\#}, D^{\#}f)$. 记 $\mathcal{M}_{\mathrm{inv}}(L_k^{\#}, D^{\#}f)$ 为所有 $D^{\#}f-$ 不变 Borel 测度组成的集合. 这是一个非空集合.

由 $k^*(M)$ 的定义, 可选取一个 $k-$ 标架 $\alpha \in \mathcal{U}_k^{\#}$, 一个正数 $\varepsilon > 0$ 和一个正整数列 $\{n_j\}_{j=0}^{+\infty}$, 使得

$$\lim_{j \to +\infty} \frac{1}{n_j} \sum_{i=0}^{n_j - 1} \chi_{\alpha\varepsilon}(i) = \limsup_{n \to +\infty} \frac{1}{n} \sum_{i=0}^{n-1} \chi_{\alpha\varepsilon}(i) > 0.$$

于是

$$\lim_{j \to +\infty} \frac{1}{n_j} \sum_{i=0}^{n_j - 1} \mathrm{Vol}(D^{\#}f^i(\alpha))$$

$$\geqslant \lim_{j \to +\infty} \frac{1}{n_j} \sum_{i=0}^{n_j - 1} \mathrm{Vol}(D^{\#}f^i(\alpha))\chi_{\alpha\varepsilon}(i)$$

$$\geqslant \varepsilon \lim_{j \to +\infty} \frac{1}{n_j} \sum_{i=0}^{n_j - 1} \chi_{\alpha\varepsilon}(i) > 0. \tag{2.5}$$

构造一个测度列 $\{\mu_{n_j}\}$ 如下:

$$\int \phi \mathrm{d}\mu_{n_j} = \frac{1}{n_j} \sum_{i=0}^{n_j-1} \phi(D^\# f^i(\alpha)), \quad \forall \phi \in C^0(L_k^\#, \mathbb{R}).$$

不失一般性 (必要时取子列) 设 $\{\mu_{n_j}\}$ 收敛于某个不变测度

$$\widetilde{\mu} \in \mathcal{M}_{\mathrm{inv}}(L_k^\#, D^\# f).$$

由 (2.5) 式有

$$\int_{L_k^\#} \mathrm{Vol} \, \mathrm{d}\widetilde{\mu}$$
$$= \lim_{j \to +\infty} \int_{L_k^\#} \mathrm{Vol} \, \mathrm{d}\mu_{n_j}$$
$$= \lim_{j \to +\infty} \frac{1}{n_j} \sum_{i=0}^{n_j-1} \mathrm{Vol}(D^\# f^i(\alpha))$$
$$> 0.$$

根据遍历分解定理, 存在 $\mu \in \mathcal{M}_{\mathrm{erg}}(L_k^\#, D^\# f)$ 满足 $\displaystyle\int_{L_k^\#(M)} \mathrm{Vol} \, \mathrm{d}\mu > 0$.
注意到

$$L_k^\# = \mathcal{U}_k^\# \cup \mathcal{V}_k^\#, \quad \text{和} \quad \mathrm{Vol} \,|_{\mathcal{V}_k^\#} = 0,$$

则 $\displaystyle\int_{\mathcal{U}_k^\#(M)} \mathrm{Vol} \, \mathrm{d}\mu > 0$, 进而

$$\mu(\mathcal{U}_k^\#(M)) > 0.$$

又因为 $\mathcal{U}_k^\#(M)$ 是 $D^\# f$ 的不变集且 $\mu$ 是 $D^\# f$ 保持的遍历测度, 则

$$\mu(\mathcal{U}_k^\#(M)) = 1,$$

或者说 $\mu \in \mathcal{M}_{\mathrm{erg}}(\mathcal{U}_k^\#(M), D^\# f)$. 令

$$m := \pi_*(\mu).$$

取 $\beta \in \mathcal{U}_k^{\#}(M) \cap Q_\mu$ 并令 $x = \pi(\beta)$. 由于

$$\lim_{j \to +\infty} \frac{1}{n_j} \sum_{i=0}^{n_j-1} \text{Vol}(D^{\#} f^i(\beta)) = \int_{L_k^{\#}(M)} \text{Vol} \, d\mu > 0,$$

容易验证 $\beta$ 是平均线性无关向量组 (思考题). 于是在 $m$ 的全测度集合 $\pi Q_\mu$ 上格数为 $k$. 因 $k$ 的最大性, $Q_m$ 上的格数也只能是 $k$. 故

$$k^*(m) = k^*(Q_m) = k = k^*(M).$$

第一个结论得证.

**第二步**　令 $k := k^*(M)$. 在空间 $\mathcal{U}_k^{\#}(M)$ 上找一个遍历测度 $\mu_0$, 使之具有最大无关数.

我们使用定义

$$\widetilde{\tau} \colon \mathcal{M}_{\text{inv}}(L_k^{\#}, D^{\#} f) \to \mathbb{R}, \quad \widetilde{\tau}(\mu) := \int \tau \, d\mu.$$

由 $\tau \colon L_k^{\#}(M) \to [0, +\infty)$ 连续 (见文献 [12] Prop. 2.6), 则 $\widetilde{\tau}$ 在弱 * 拓扑空间 $\mathcal{M}_{\text{inv}}(L_k^{\#}, D^{\#} f)$ 上也是连续的.

取 $\alpha \in L_k^{\#}(M)$ 和 $\{n_j\}_{j=1}^{\infty}$ 使得下面极限存在

$$\widetilde{\tau}(\alpha) = \lim_{j \to \infty} \frac{1}{n_j} \sum_{i=0}^{n_j-1} \tau(D^{\#} f^i(\alpha))$$

且使得如下定义的测度列 $\mu_{n_j}$

$$\int \phi \, d\mu_{n_j} := \frac{1}{n_j} \sum_{i=0}^{n_j-1} \phi(D^{\#} f^i(\alpha)), \quad \phi \in C^0(L_k^{\#}, \mathbb{R})$$

收敛于一个不变测度 $\mu \in \mathcal{M}_{\text{inv}}(L_k^{\#}, D^{\#} f)$. 于是

$$\widetilde{\tau}(\mu) := \int \tau \, d\mu = \lim_{j \to \infty} \int \tau \, d\mu_{n_j} = \lim_{j \to \infty} \frac{1}{n_j} \sum_{i=0}^{n_j-1} \tau(D^{\#} f^i(\alpha)) = \widetilde{\tau}(\alpha).$$

由 $\alpha$ 任取知

$$\sup_{\mu \in \mathcal{M}_{\text{inv}}(L_k^{\#}, D^{\#} f)} \widetilde{\tau}(\mu) \geqslant \sup_{\alpha \in L_k^{\#}(M)} \widetilde{\tau}(\alpha).$$

任给定一个不变测度 $\omega$, 由函数 $\tau$ 的连续性和遍历分解定理有

$$\widetilde{\tau}(\omega) = \int \tau \, \mathrm{d}\omega = \int \left( \int \tau \, \mathrm{d}\nu \right) \mathrm{d}\omega.$$

则存在一个遍历测度 $\nu$, 使得

$$\widetilde{\tau}(\omega) \leqslant \int \tau \, \mathrm{d}\nu.$$

进而由等式 (2.4) 知

$$\widetilde{\tau}(\omega) \leqslant \widetilde{\tau}(\alpha), \quad \forall \alpha \in Q_\nu.$$

故我们得到等式

$$\sup_{\mu \in \mathcal{M}_{\mathrm{inv}}(L_k^\#, D^\# f)} \widetilde{\tau}(\mu) = \sup_{\alpha \in L_k^\#} \widetilde{\tau}(\alpha).$$

因为 $\widetilde{\tau} \colon \mathcal{M}_{\mathrm{inv}}(L_k^\#, D^\# f) \to \mathbb{R}$ 是连续的且 $\mathcal{M}_{\mathrm{inv}}(L_k^\#, D^\# f)$ 紧致, 所以我们可取

$$\mu_1 \in \mathcal{M}_{\mathrm{inv}}(L_k^\#, D^\# f)$$

满足

$$\widetilde{\tau}(\mu_1) = \sup_{\mu \in \mathcal{M}_{\mathrm{inv}}(L_k^\#, D^\# f)} \widetilde{\tau}(\mu) = \sup_{\alpha \in L_k^\#} \widetilde{\tau}(\alpha).$$

**断言 1**: 存在 $\mu_0 \in \mathcal{M}_{\mathrm{erg}}(L_k^\#, D^\# f)$ 满足

$$\widetilde{\tau}(\mu_0) = \widetilde{\tau}(\mu_1).$$

这个断言讲最大值会取在遍历测度上. 这件事情在上面使用遍历分解定理的时候已经蕴涵了, 现在不妨再借助反证法证一下. 如果断言 1 不真, 则

$$\widetilde{\tau}(\mu) < \widetilde{\tau}(\mu_1), \quad \forall \mu \in \mathcal{M}_{\mathrm{erg}}(L_k^\#, D^\# f).$$

设

$$Q := \bigcup_{\mu \in \mathcal{M}_{\mathrm{erg}}} Q_\mu(L_k^\#, D^\# f),$$

则 $\mu(Q) = 1, \mu \in \mathcal{M}_{\mathrm{erg}}(L_k^{\#}, D^{\#}f)$，而且 $\mu_1(Q) = 1$. 由遍历分解定理可如下导出矛盾:

$$\begin{aligned}
\widetilde{\tau}(\mu_1) &= \int_{L_k^{\#}} \tau \ \mathrm{d}\mu_1 \\
&= \int_Q \left( \int_{L_k^{\#}} \tau \ \mathrm{d}\mu \right) \mathrm{d}\mu_1 \\
&= \int_Q \widetilde{\tau}(\mu) \mathrm{d}\mu_1 \\
&< \int_Q \widetilde{\tau}(\mu_1) \mathrm{d}\mu_1 = \widetilde{\tau}(\mu_1).
\end{aligned}$$

故断言 1 获证.

取定 $\mu_0 \in \mathcal{M}_{\mathrm{erg}}(L_k^{\#}, D^{\#}f)$ 满足

$$\widetilde{\tau}(\mu_0) = \sup_{\alpha \in L_k^{\#}} \widetilde{\tau}(\alpha) = \sup_{\mu \in \mathcal{M}_{\mathrm{erg}}(L_k^{\#}, D^{\#}f)} \widetilde{\tau}(\mu).$$

**断言 2**: $\widetilde{\tau}(\mu_0) > 0$.

由第一步存在一个 $m \in \mathcal{M}_{\mathrm{erg}}(M, f)$ 满足 $k = k^*(m)$. 取定 $\mu_2 \in \mathcal{M}_{\mathrm{erg}}(\mathcal{U}_k^{\#}(Q_m), D^{\#}f)$ 满足 $\pi_*(\mu_2) = m$ (由定理 2.3.1), 且对 $\mu_2 -\mathrm{a.e.} \ \alpha \in \mathcal{U}_k^{\#}$ 满足定理 2.4.1(2)(3). 我们再要求这些 $\alpha$ 取在 $Q_{\mu_2}$ 中, 则每个这样的 $\alpha$ 会对应一个足够小实数 $\varepsilon > 0$ 使得

$$\lim_{n \to +\infty} \frac{1}{n} \sum_{i=0}^{n-1} \chi_{\alpha\varepsilon}(D^{\#}f^i) > 0.$$

由命题 2.2.5 这意味着

$$\widetilde{\tau}(\mu_2) = \int \tau \ \mathrm{d}\mu_2 = \lim_{n \to +\infty} \frac{1}{n} \sum_{i=0}^{n-1} \tau(D^{\#}f^i(\alpha)) > 0.$$

注意到 $\mu_2 \in \mathcal{M}_{\mathrm{erg}}(\mathcal{U}_k^{\#}, D^{\#}f)$, 则有

$$\widetilde{\tau}(\mu_0) = \sup_{\mu \in \mathcal{M}_{\mathrm{erg}}(\mathcal{U}_k^{\#}, D^{\#}f)} \widetilde{\tau}(\mu) > 0.$$

断言 2 获证.

取定 $\alpha \in Q_{\mu_0}(L_k^\#, D^\# f)$, 由断言 2 有

$$0 < \widetilde{\tau}(\mu_0) = \lim_{n\to+\infty} \frac{1}{n} \sum_{i=0}^{n-1} \tau(D^\# f^i(\alpha)).$$

这意味着 $\alpha \in \mathcal{U}_k^\#(M)$ 且平均线性无关, 进而

$$k^*(\pi_* \mu_0) = k^*(M).$$

设 $m_0 := \pi_*(\mu_0)$, 则 $m_0 \in \mathcal{M}_{\mathrm{erg}}(M, f)$. 因 $Q_{\mu_0} \subset \mathcal{U}_k^\#(M)$ 及 $\pi Q_{\mu_0} \subset Q_{m_0}$, 则 $\mu_0 \in \mathcal{M}_{\mathrm{erg}}(\mathcal{U}_k^\#(Q_{m_0}), D^\# f)$. 测度 $m_0$ 和 $\mu_0$ 即为定理所要求的. $\qquad\square$

## §2.5 习　题

1. 证明: $\mathrm{Vol}(A(\alpha)) = (\det A(\alpha))^{\frac{1}{2}}$.

2. 用 $\mathrm{Vol}(A(D^\# f^i(\alpha)))$ 而不是用特征函数 $\chi_{\alpha\varepsilon}(i)$ 给出 $\alpha$ 正向平均线性无关的等价定义.

3. 设流形 $M$ 上的微分同胚 $f: M \to M$ 保持遍历测度 $\mu$, $\dim M = 2$. 设 $\mu$ 有 2 个 Lyapunov 指数, 则 $\mu$ 的格数为 2.

4. 设 $\mu \in \mathcal{M}_{\mathrm{erg}}(\mathcal{U}_k^\#(M), D^\# f)$ 并取 $\alpha \in \mathcal{U}_k^\#(M) \cap Q_\mu$. 证明: $\alpha$ 是平均线性无关的向量组.

5. 证明: $\pi \circ F = f \circ \pi$, $\pi \circ F^\# = f \circ \pi$.

# 第 3 章 Oseledets 乘法遍历定理

本章我们介绍和证明 Oseledets 乘法遍历定理. 这个定理有许多方便之处, 在微分遍历论和相关学科被广泛使用.

## §3.1 Pliss 引 理

本节我们介绍一个关于数列的平均值的引理, 叫作 Pliss 引理. 它在 Oseledets 乘法遍历定理的证明中会用到, 也在另一些场合会用到.

**引理 3.1.1 (Pliss)** 任给定一个实数 $\lambda$ 和两个正实数 $\varepsilon > 0, H > 0$, 则存在正整数 $N_0 = N_0(\lambda, \varepsilon, H)$ 和正实数 $\delta = \delta(\lambda, \varepsilon, H)$ 具有下面的性质: 若 $N \geqslant N_0$ 且若 $N$ 个实数

$$a_1, a_2, \cdots, a_N$$

满足

$$|a_n| \leqslant H, \ n = 1, 2, \cdots, N \quad \text{和} \quad \frac{1}{N} \sum_{n=1}^{N} a_n \leqslant \lambda,$$

则存在正整数 $\ell \geqslant N\delta$ 和递增整数数列

$$1 \leqslant n_1 < n_2 < \cdots < n_\ell \leqslant N$$

使得

$$\frac{1}{n - n_j} \sum_{i=n_j+1}^{n} a_i \leqslant \lambda + \varepsilon, \quad n_j < n \leqslant N, j = 1, 2, \cdots, \ell.$$

**注 3.1.2** 由引理可以讨论一个有界的无穷数列 $\{a_n\}_{n \in \mathbb{N}}$ 的均值估计. 若 $N$ 个实数 (需要 $N$ 大到一定程度) 的平均值小于 $\lambda$, 则存在 $\ell$ 个时刻使得从每个时刻之后做的平均值小于 $\lambda + \varepsilon$, 且这种时刻在整数集合 $\{1, 2, \cdots, N\}$ (无论 $N$ 多大) 占有大于 $\delta$ 的比例, $\frac{\ell}{N} \geqslant \delta$.

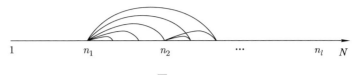

**图 3.1**

**证明** 设 $b_n = a_n - (\lambda + \varepsilon)$，$S_n = \sum_{i=1}^n b_i$，则 $S_N \leqslant -N\varepsilon$. 取

$$1 \leqslant n_1 < n_2 < \cdots < n_\ell \leqslant N$$

为 $\{1, 2, \cdots, N\}$ 中满足

$$S_{n_j} \geqslant S_n, \quad \forall n \geqslant n_j$$

的所有正整数. 自然, 这些正整数中的最大者 $n_\ell$ 是 $N$. 为避免 $\{n_1, n_2, \cdots, n_\ell\}$ 中仅有一个元素的情形, 我们把 $N$ 取大满足 $N > \dfrac{H + |\lambda| + \varepsilon}{\varepsilon}$, 这意味着

$$S_N \leqslant -N\varepsilon < -(H + |\lambda| + \varepsilon) \leqslant a_1 - (|\lambda| + \varepsilon) \leqslant a_1 - (\lambda + \varepsilon) = b_1 = S_1,$$

保证了在 $N = n_\ell$ 之前能取到正整数, 如图 3.2 所示.

对于 $j \in \{1, 2, \cdots, \ell\}$ 有

$$\begin{aligned}
\sum_{i=n_j+1}^n a_i &= \sum_{i=n_j+1}^n b_i + (n - n_j)(\lambda + \varepsilon) \\
&= (S_n - S_{n_j}) + (n - n_j)(\lambda + \varepsilon) \\
&\leqslant (n - n_j)(\lambda + \varepsilon).
\end{aligned}$$

故

$$\frac{1}{n - n_j} \sum_{i=n_j+1}^n a_i \leqslant \lambda + \varepsilon, \quad n_j < n \leqslant N, \quad j = 1, 2, \cdots, \ell.$$

下面估算比值 $\dfrac{\ell}{N}$. 对于 $1 \leqslant j < \ell$, 由 $n_j$ 的取法 $S_{n_{j+1}}$ 不可能小于 $S_{n_j+1}$, 否则 $n_{j+1}$ 将得不到取成 $n_j + 1$, 矛盾. 于是, 我们有

$$S_{n_{j+1}} \geqslant S_{n_j+1} = S_{n_j} + b_{n_j+1} \geqslant S_{n_j} - (H + \lambda + \varepsilon).$$

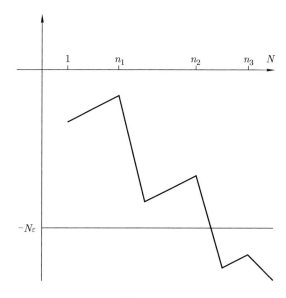

图 3.2

归纳地推得

$$S_{n_j} \geqslant S_{n_1} - (j-1)(H + \lambda + \varepsilon),$$

特别地

$$S_{n_\ell} \geqslant S_{n_1} - (\ell - 1)(H + \lambda + \varepsilon).$$

因为 $n_\ell = N$, 则

$$\begin{aligned}
-\varepsilon N \geqslant S_N &\geqslant S_{n_1} - (\ell - 1)(H + \lambda + \varepsilon) \\
&\geqslant S_1 - (\ell - 1)(H + \lambda + \varepsilon) \\
&= b_1 - (\ell - 1)(H + \lambda + \varepsilon) \\
&\geqslant -\ell(H + \lambda + \varepsilon) \\
&\geqslant -\ell(H + |\lambda| + \varepsilon).
\end{aligned}$$

故

$$\ell(H + |\lambda| + \varepsilon) \geqslant \varepsilon N,$$

进而

$$\frac{\ell}{N} \geqslant \frac{\varepsilon}{H + |\lambda| + \varepsilon}.$$

令

$$N_0 > \frac{H + |\lambda| + \varepsilon}{\varepsilon}, \quad \delta = \frac{\varepsilon}{2(H + |\lambda| + \varepsilon)}.$$

则有 $\frac{\ell}{N} > \delta$. 证毕. □

## §3.2　乘法遍历定理

### 3.2.1　定理的叙述

设 $X$ 为紧致度量空间, $f\colon X \to X$ 是同胚保持 Borel 概率测度 $\mu$. 设 $\mathcal{L}(\mathbb{R}^k)$ 为 $\mathbb{R}^k$ 上的可逆线性算子构成的空间, 对取定算子范数它构成赋范线性空间. 设

$$T\colon X \to \mathcal{L}(\mathbb{R}^k),$$
$$x \mapsto T(x)$$

为连续映射. 对 $n \geqslant 0$ 记

$$T_n(x) = T(f^{n-1}(x)) \cdots T(f(x))T(x), \quad n \geqslant 0,$$

$$T_{-n}(x) = T(f^{-n}(x))^{-1} \cdots T(f^{-2}(x))^{-1}T(f^{-1}(x))^{-1} = T_n(f^{-n}(x))^{-1}.$$

相仿于微分同胚和它的切映射, 对 $(f, T)$ 也可以定义 Lyapunov 指数.

**定义 3.2.1**　设 $x \in X$, 设 $v \in \mathbb{R}^k$, $v \neq 0$, 定义 **Lyapunov 指数**为

$$\lim_{n \to +\infty} \frac{1}{n} \ln \|T_n(x)v\|,$$

如果极限存在的话. 也可以在 $n \to -\infty$ 过程中用极限定义 Lyapunov 指数.

Lyapunov 指数和系统 $(f, T)$ 有关, 和状态点 $x \in X$ 有关, 它描述向量 $v$ 在线性算子 $T_n(x)$ 作用下的平均指数增长速率.

**定义 3.2.2**　对于 $x \in X$, 若存在实数

$$\lambda_1(x) > \cdots > \lambda_m(x)$$

和 $\mathbb{R}^k$ 的线性子空间

$$E_1(x), \cdots, E_m(x)$$

满足

$$\mathbb{R}^k = E_1(x) \oplus \cdots \oplus E_m(x)$$

且

$$\lim_{n \to \pm\infty} \frac{1}{n} \ln \|T_n(x)u\| = \lambda_j(x), \quad \forall\, 0 \neq u \in E_j(x), 1 \leqslant j \leqslant m,$$

则称 $x$ 为 $(f,T)$ 的**正则点**. 所有正则点构成的子集叫**正则集**, 记成 $\Lambda$. 这里 $\lambda_j$ 为 Lyapunov 指数, 而称 $E_j(x)$ 为相应的特征子空间, $j = 1, \cdots, m$, $x \in \Lambda$.

记

$$\Lambda(n_1, \cdots, n_\ell) = \left\{ x \in \Lambda \,\middle|\, \dim E_j(x) = n_j,\ j = 1, \cdots, \ell, \sum_{j=1}^{\ell} n_j = k \right\}.$$

容易证明 (思考题)

$$\Lambda = \bigcup \Lambda(n_1, \cdots, n_\ell), \quad f\Lambda(n_1, \cdots, n_\ell) = \Lambda(n_1, \cdots, n_\ell),$$

$$\lambda_j(f(x)) = \lambda_j(x), \quad T(x)E_j(x) = E_j(f(x)).$$

我们令 $G_n$ 表示 $\mathbb{R}^k$ 的 $n$ 维线性子空间的集合, 并在此集合上赋予拓扑: $U \subset G_n$ 为开集当且仅当

$$\bigcup_{V_x \in U} (V_x \setminus \{0\})$$

为 $\mathbb{R}^k$ 的开集. (思考题: 为什么要去掉零向量?) 在这个拓扑下对子空间列 $\{S_j \in G_n\}_{j \geqslant 1}$ 来说, $S_j \to S \in G_n$ 当且仅当下列事实: 对任何 $j$ 存在 $S_j$ 的一组基 $\{x_1^{(j)}, \cdots, x_n^{(j)}\}$ 和 $S$ 的一组基 $\{x_1, \cdots, x_n\}$ 满足当 $j \to +\infty$ 时有 $x_i^{(j)} \to x_i$, $1 \leqslant i \leqslant n$.

本节我们将证明下列形式的乘法遍历定理:

**定理 3.2.3**　在上面的条件和记号下, 我们有下列结果:

(1) $\Lambda(n_1, \cdots, n_\ell)$ 是 Borel 集;

(2) 映射

$$\Lambda(n_1, \cdots, n_\ell) \to \mathbb{R}, \quad x \to \lambda_j(x)$$

和

$$\Lambda(n_1, \cdots, n_\ell) \to G_{n_j}, \quad x \to E_j(x)$$

均可测, $j = 1, \cdots, \ell$;

(3) $f(\Lambda) = \Lambda, \mu(\Lambda) = 1$.

定理证明的关键是, Lyapunov 指数在 $\mu$ 满测度集合的状态点上存在且这个满测集合是 $f$ 的不变集, 即定理 3.2.3(3). 而定理 3.2.3(1)(2) 则相对简单. 整个证明比较长, 需要三个子小节.

**注 3.2.4**　依据遍历分解定理, 证明中我们总假定 $\mu$ 是 $f$ 的遍历测度.

### 3.2.2　最大 Lyapunov 指数及其特征子丛

**定义 3.2.5**　设 $f: X \to X$ 是紧致度量空间 $X$ 的同胚保持 Borel 概率测度 $\mu$. 向量丛 $F$ 是指一个纤维族 $(F_x)_{x \in X}$, 其中纤维 $F_x$ 是 $\mathbb{R}^k$ 的 $m$ 维线性子空间, 且存在可测映射 $\eta_i: X \to \mathbb{R}^k$, $i = 1, \cdots, m$ 使得对于 $\mu -$ a.e. $x \in X$, $\{\eta_1(x), \cdots, \eta_m(x)\}$ 是 $F_x$ 的一组基. 记

$$F = (F_x)_{x \in X} \quad \text{或者} \quad F = \bigcup_{x \in X} F_x.$$

丛同构 $T: F \to F$ 是指线性同构族

$$T(x): F_x \to F_{f(x)}, \quad x \in X,$$

使得 $T(x)$ 和 $T(x)^{-1}$ 相对于基底 $\{\eta_1(x), \cdots, \eta_m(x)\}$ 和 $\{\eta_1(f(x)), \cdots, \eta_m(f(x))\}$ 的矩阵的每个元素都是 $\mu-$ 可积的和有界的. 一个子向量丛 $G = (G_x)_{x \in X}$ 称为 $T-$ 不变的, 如果

$$T(x)G_x = G_{f(x)}, \quad \mu - \text{a.e. } x \in X.$$

**注 3.2.6** 回顾 $G_m$ 表示 $\mathbb{R}^k$ 的 $m$ 维线性子空间的集合, 形成拓扑空间. 在定义 3.2.5 中映射 $X \to G_m$, $x \to F_x$ 是可测的, 即向量丛 $F$ 的纤维 $F_x$ 随着点 $x$ 可测地变化. 映射 $X \to \mathcal{L}(\mathbb{R}^m)$, $x \to T(x)$ 是可测的, 即线性映射 $T(x)\colon F_x \to F_{f(x)}$ 随点 $x$ 可测变化.

设 $f\colon X \to X$ 是紧致度量空间 $X$ 的同胚保持遍历的 Borel 概率测度 $\mu$, 设 $T\colon F \to F$ 是向量丛 $(F_x)_{x \in X}$ 的丛同构. 设 $x \in X$, 记

$$\lambda_1(T, x) = \limsup_{n \to +\infty} \frac{1}{n} \ln \|T_n(x)\|.$$

则

$$
\begin{aligned}
\lambda_1(T, x) &= \limsup_{n \to +\infty} \frac{1}{n} \ln \|T_{n-1}(f(x))T(x)\| \\
&\leqslant \limsup_{n \to +\infty} \frac{1}{n} \ln \|T_{n-1}(f(x))\| \|T(x)\| \\
&= \limsup_{n \to +\infty} \frac{1}{n-1} \ln \|T_{n-1}(f(x))\| \quad (\text{由定义 } 3.2.5, \|T(x)\| < \infty) \\
&= \lambda_1(T, f(x)).
\end{aligned}
$$

注意到 $T(x)\colon F_x \to F_{f(x)}$ 是线性同构, 则

$$
\begin{aligned}
\|T_{n-1}(f(x))\| &= \sup_{u \in F_x, u \neq 0} \frac{\|T_{n-1}(f(x))T(x)u\|}{\|T(x)u\|} \\
&\leqslant \frac{\displaystyle\sup_{u \in F_x, u \neq 0} \frac{\|T_n(x)u\|}{\|u\|}}{\displaystyle\inf_{u \in F_x, \|u\|=1} \frac{\|T(x)u\|}{\|u\|}} \\
&= \frac{\|T_n(x)\|}{C}.
\end{aligned}
$$

这里 $C = \displaystyle\inf_{u \in F_x, \|u\|=1} \|T(x)u\| > 0$. 据此, $\lambda_1(T, f(x)) \leqslant \lambda_1(T, x)$, 进而有

$$\lambda_1(T, f(x)) = \lambda_1(T, x), \quad x \in X.$$

因为 $\mu$ 是遍历测度, 则

$$\lambda_1(T, x) = \text{const.}, \quad \mu - \text{a.e. } x \in X,$$

记为 $\lambda_1(T)$. 为了证明 $\lambda_1(T)$ 实际上可以用极限给出, 我们使用 Kingman 次可加遍历定理.

对函数 $\phi\colon X \to \mathbb{R}$ 记 $\phi^+$ 为其正部函数, 即 $\phi^+(x) = \max\{\phi(x), 0\}$.

**定理 3.2.7 (Kingman)** 设 $f\colon X \to X$ 是紧致度量空间上的同胚保持 Borel 概率测度 $\mu$. 设 $\phi_n\colon X \to \mathbb{R}$ 是一个次可加函数列

$$\phi_{m+n} \leqslant \phi_m + \phi_n \circ f^m,$$

并设 $\phi_1^+ \in L^1(\mu)$. 则函数序列 $\dfrac{\phi_n(x)}{n}$ 会 $\mu$ 几乎处处收敛于一个 $f$ 不变的函数 $\phi\colon X \to [-\infty, +\infty)$,

$$\lim_{n\to\infty} \frac{\phi_n(x)}{n} = \phi(x), \quad \mu-\text{a.e. } x \in X.$$

进一步, 极限函数还满足 $\phi^+ \in L^1(\mu)$ 和

$$\int \phi \,\mathrm{d}\mu = \lim_{n\to\infty} \frac{1}{n} \int \phi_n \,\mathrm{d}\mu = \inf_n \frac{1}{n} \int \phi_n \,\mathrm{d}\mu \in [-\infty, +\infty).$$

定理证明可参见文献 [21] Theorem 3.3.3.

回到最大 Lyapunov 指数的讨论. 因为函数列 $\phi_n(x) = \ln \|T_n(x)\|$ 满足次可加不等式

$$\phi_{m+n} \leqslant \phi_m + \phi_n \circ f^m$$

且 $\phi_1^+(x) = \max\{\ln \|T(x)\|, 0\}$ 关于 $\mu$ 可积, 则定理保证了极限存在

$$\lambda_1(T) = \lim_{n\to+\infty} \frac{1}{n} \ln \|T_n(x)\|, \quad \mu-\text{a.e. } x \in X.$$

考虑到算子范数大于等于单位向量的映像长度, 而单位向量和它的数乘向量 (不考虑 0 乘数) 的 Lyapunov 指数相同, 人们把用算子范数 $\|T_n(x)\|$ 定义的 $\lambda_1(T)$ 称为**最大 Lyapunov 指数**.

**引理 3.2.8** 设 $f\colon X \to X$ 是紧致度量空间的同胚保持遍历的 Borel 概率测度 $\mu$. 设 $F = (F_x)_{x \in X}$ 为向量丛, $T\colon F \to F$ 为丛同构. 对 $x \in X$, 记

$$G_x = \left\{ u \in F_x \,\middle|\, \limsup_{n\to+\infty} \frac{1}{n} \ln \|T_{-n}(x)u\| \leqslant -\lambda_1(T) \right\},$$

则 $G = (G_x)_{x \in X}$ 为 $T$ 的不变子丛, 且满足

$$\lim_{n \to \pm\infty} \frac{1}{n} \ln \|T_n(x)u\| = \lambda_1(T), \quad u \in G_x, \quad \mu - \text{a.e. } x \in X.$$

**证明** 我们要证明以下三条:

(1) $G_x \neq \emptyset, \mu - \text{a.e. } x \in X$;

(2) $(G_x)_{x \in X}$ 是 $T$ 的不变丛;

(3) $\lim\limits_{n \to \pm\infty} \frac{1}{n} \ln \|T_n(x)u\| = \lambda_1(T), u \in G_x, \mu - \text{a.e. } x \in X.$

**第一步** 证明 (1).

设 $x \in X$. 对 $\delta > 0$, 设

$$G_x(\delta) = \left\{ u \in F_x \,\middle|\, \limsup_{n \to +\infty} \frac{1}{n} \ln \|T_{-n}(x)u\| \leqslant -\lambda_1(T) + \delta \right\}.$$

则 $G_x(\delta)$ 是 $F_x$ 的线性子空间且满足

$$G_x = \bigcap_{\delta > 0} G_x(\delta).$$

$G_x(\delta)$ 的维数 (非负整数) 随 $\delta \to 0$ 而递减, 取小 $\delta$, 使得

$$\dim G_x = \dim G_x(\delta).$$

对自然数 $m$ 设

$$X_m = \{x \in X \mid \exists 0 \neq u \in F_x, \text{s.t. } \|T_{-n}(x)u\| \leqslant \|u\| \exp(-\lambda_1(T) + \delta)n,$$
$$0 \leqslant n \leqslant m\}.$$

我们指出, $X_m$ 中的 $u$ 可以取成单位向量. 显然有

$$X_m \supset X_{m+1}.$$

**断言**: 若 $\mu\left(\bigcap_{m \geqslant 1} X_m\right) > 0$ 则 $G_x \neq \emptyset, \mu - \text{a.e. } x \in X.$

事实上, 由 $\mu\left(\bigcap_{m \geqslant 1} X_m\right) > 0$, 就能取出点 $x \in \bigcap_{m \geqslant 1} X_m$ 和向量

$u_m \neq 0$ 满足

$$\|T_{-n}(x)u_m\| \leqslant \|u_m\| \exp(-\lambda_1(T)+\delta)n, \quad 0 \leqslant n \leqslant m.$$

取 $u_m$ 的聚点 $u$ (不妨设 $\|u_m\|=1$). 固定 $n$ 令 $m \to \infty$, 则有

$$\|T_{-n}(x)u\| \leqslant \|u\| \exp(-\lambda_1(T)+\delta)n.$$

再令 $n \to +\infty$, 则推出 $u \in G_x(\delta)$, 进而有

$$\dim G_x = \dim G_x(\delta) \geqslant 1.$$

设 $v \in G_x(\delta)$ 则 $w = T(x)v \in G_{f(x)}(\delta)$. 因为

$$T_{-n}(f(x))w = T(f^{-(n-1)}(x))^{-1} \cdots T(f^{-1}(x))^{-1}T(x)^{-1}T(x)v$$
$$= T_{-(n-1)}(x)v,$$

则容易验证

$$G_{f(x)}(\delta) = T(x)G_x(\delta).$$

则对 $\forall y \in \bigcup_{n \in \mathbb{Z}} f^n \left( \bigcap_{m \geqslant 1} X_m \right)$ 都有 $\dim G_y(\delta) \geqslant 1$, 进而有

$$G_y \neq 0.$$

但 $\bigcup_{n \in \mathbb{Z}} f^n \left( \bigcap_{m \geqslant 1} X_m \right)$ 是 $f$ 不变集, 由于 $\mu$ 的遍历性此集合测度是 0 或

1. 因为假定了 $\mu \left( \bigcap_{m \geqslant 1} X_m \right) > 0$, 则有 $\bigcup_{n \in \mathbb{Z}} f^n \left( \bigcap_{m \geqslant 1} X_m \right)$ 的测度为 1,

断言得证.

根据断言, 我们只需要证明

$$\inf_{m \geqslant 1} \mu(X_m) > 0.$$

根据遍历定理, $\mu(X_m)$ 等于一个典型状态点进入 $X_m$ 的频率. 进入 $X_m$ 的时刻由 Pliss 引理提供, 这些时刻足够多使得频率大于 0.

任意给定 $\varepsilon > 0$. 对于 $\mu - \text{a.e. } x \in X$, 由 $\lambda_1(T)$ 的极限表达式, 取 $u \in F_x$, $\|u\| = 1$ 和充分大的 $N_1$ 满足

$$\ln \|T_n(x)u\| \geqslant n \left( \lambda_1(T) - \frac{\varepsilon}{2} \right), \quad \forall n \geqslant N_1.$$

对于 $N \geqslant N_1$, 记

$$a_j = \ln \frac{\|T_{N-j}(x)u\|}{\|T_{N-j+1}(x)u\|} = \ln \left\| T(f^{N-j}(x))^{-1} \frac{T_{N-j+1}(x)u}{\|T_{N-j+1}(x)u\|} \right\|.$$

则由 $a_j$ 的第一个表达式

$$\sum_{j=1}^{N} a_j = \ln \frac{\|u\|}{\|T_N(x)u\|} = \ln \frac{1}{\|T_N(x)u\|} \leqslant N \left( -\lambda_1(T) + \frac{\varepsilon}{2} \right).$$

由向量丛的线性同构定义, 可取 $H > 0$ 满足

$$\max\{\ln \|T^{-1}(x)\|, \ \ln \|T(x)\|\} \leqslant H, \quad \mu - \text{a.e. } x \in X.$$

则根据 $a_j$ 的第二个表达式知

$$|a_j| \leqslant H, \quad j = 1, \cdots, N.$$

根据 Pliss 引理取

$$N_0 = N_0 \left( -\lambda_1(T) + \frac{\varepsilon}{2}, \frac{\varepsilon}{2}, H \right), \quad \delta = \delta \left( -\lambda_1(T) + \frac{\varepsilon}{2}, \frac{\varepsilon}{2}, H \right),$$

并将之前的 $N$ 取得充分大. 则存在 $1 \leqslant n_1 < \cdots < n_\ell \leqslant N$, $\frac{\ell}{N} > \delta$ 使得

$$\sum_{i=n_j+1}^{n} a_i \leqslant (n - n_j)(-\lambda_1(T) + \varepsilon), \quad n_j < n \leqslant N.$$

记 $u_j = \dfrac{T_{N-n_j}(x)u}{\|T_{N-n_j}(x)u\|}$. 因为

$$T_{N-n_j}(x) = T(f^{N-n_j-1}(x)) \cdots T(f^{N-n}(x)) \circ T_{N-n}(x),$$

则有

$$T_{N-n}(x) = T(f^{N-n}(x))^{-1} \cdots T(f^{N-n_j-1}(x))^{-1} \circ T_{N-n_j}(x)$$
$$= T_{-(n-n_j)}(f^{N-n_j}(x)) \circ T_{N-n_j}(x),$$

进而

$$\sum_{i=n_j+1}^{n} a_i = \sum_{i=n_j+1}^{n} \ln \frac{\|T_{N-i}(x)u\|}{\|T_{N-i+1}(x)u\|}$$
$$= \ln \frac{\|T_{N-n}(x)u\|}{\|T_{N-n_j}(x)u\|}$$
$$= \ln \frac{\|T_{-(n-n_j)}(f^{N-n_j}(x)) \circ T_{N-n_j}(x)u\|}{\|T_{N-n_j}(x)u\|}$$
$$= \ln \|T_{-(n-n_j)}(f^{N-n_j}(x))\, u_j\|.$$

于是我们有

$$\ln \|T_{-(n-n_j)}(f^{N-n_j}(x))u_j\| = \sum_{i=n_j+1}^{n} a_i \leqslant (n-n_j)(-\lambda_1(T)+\varepsilon),$$

亦即

$$\|T_{-(n-n_j)}(f^{N-n_j}(x))u_j\| \leqslant \exp(-\lambda_1(T)+\varepsilon)(n-n_j),$$

$$0 \leqslant n - n_j \leqslant N - n_j, \ j = 1, \cdots, \ell.$$

这说明条件 $N - n_j \geqslant m$ 意味着 $f^{N-n_j}(x) \in X_m$. 注意, 至少当 $j = 1, \cdots, \ell-m$ 时就会有 $N - n_j \geqslant m$. 故

$$\frac{1}{N}\#\{0 < i \leqslant N \mid f^i(x) \in X_m\} \geqslant \frac{\ell-m}{N} \geqslant \delta - \frac{m}{N}.$$

由 Birkhoff 遍历定理有

$$\mu(X_m) = \lim_{N \to +\infty} \frac{1}{N}\#\{0 < i \leqslant N \mid f^i(x) \in X_m\} \geqslant \delta > 0.$$

故

$$\inf_{m \geqslant 1} \mu(X_m) \geqslant \delta > 0.$$

根据断言我们证明了 (1).

**第二步** 证明 (2).

考虑 $\mu-$ a.e. $x \in X$. 根据定义 $G_x(\delta)$ 是 $F_x$ 的线性子空间, 其维数随着 $\delta \to 0$ 而递减, 且满足 $G_x = \bigcap_{\delta > 0} G_x(\delta)$. 故存在 $\delta(x) > 0$, 使得

$$G_x = G_x(\delta(x)).$$

这说明, 当 $u \in F_x \setminus G_x$ 时

$$\limsup_{n \to +\infty} \frac{1}{n} \ln \|T_{-n}(x)u\| > -\lambda_1(T) + \delta(x).$$

取 $F_x$ 的线性子空间 $S_x$ 满足:

(i) $F_x = G_x \oplus S_x$;

(ii) 存在 $C = C(x) > 0$, 使得

$$\|T_{-n}(x)u\| \geqslant C^{-1}\|u\| \exp n\left(-\lambda_1(T) + \frac{\delta(x)}{2}\right), \quad u \in S_x,$$

$$\|T_{-n}(x)u\| \leqslant C\|u\| \exp n\left(-\lambda_1(T) + \frac{\delta(x)}{3}\right), \quad u \in G_x.$$

上面第 (ii) 条的第二个不等式对充分大的 $n$ 都成立, 第一个不等式对某个无限列成立, 不失一般性设它对充分大的 $n$ 都成立.

任给定 $\varepsilon > 0$ 和 $n \geqslant 1$. 由鲁金定理存在 Borel 集 $Y_n \subset X$ 使得测度 $\mu(Y_n) \geqslant 1 - \dfrac{\varepsilon}{2^{n+1}}$ 且使得映射

$$Y_n \times \mathbb{R}^k \to \mathbb{R}, \quad (x, u) \to \|T_{-n}(x)u\|$$

连续. 令

$$\widehat{X} = \bigcap_{n \geqslant 1} Y_n,$$

则

$$\mu(\widehat{X}) \geqslant 1 - \frac{\varepsilon}{2}.$$

设 $Z_m$ 为那样的点 $x \in X$ 构成的集合: $F_x = G_x \oplus S_x$ 且

$$\|T_{-n}(x)u\| \geqslant \frac{1}{m}\|u\| \exp n\left(-\lambda_1(T) + \frac{1}{2m}\right), \quad u \in S_x, \ n \geqslant 0, \quad (3.1)$$

$$\|T_{-n}(x)u\| \leqslant m\|u\| \exp n\left(-\lambda_1(T) + \frac{1}{3m}\right), \quad u \in G_x. \ n \geqslant 0. \quad (3.2)$$

则

$$X = \bigcup_{m \geqslant 1} Z_m \ (\mathrm{mod}\,0).$$

存在 $m$ 使得 $\mu\left(\displaystyle\bigcup_{1 \leqslant \tau \leqslant m} Z_\tau\right) > 1 - \dfrac{\varepsilon}{2}$. 不失一般性设 $\mu(Z_m) > 1 - \dfrac{\varepsilon}{2}$. 于

是有

$$\mu(Z_m \cap \widehat{X}) > 1 - \varepsilon.$$

**断言**: $G_x$ 在 $Z_m \cap \widehat{X}$ 上连续依赖于 $x$.

事实上, 任意取点列 $x_n \in Z_m \cap \widehat{X}$ 满足

$$\lim_{n \to +\infty} x_n = x \in Z_m \cap \widehat{X}$$

且 $G_{x_n} \to \overline{G}$ 以及 $S_{x_n} \to \overline{S}$. 由于对每个 $n \geqslant 0$ 映射

$$Y_n \times \mathbb{R}^k \to \mathbb{R}, \quad (x, u) \to \|T_{-n}(x)u\|$$

均连续, 那么不等式 (3.1)(3.2) 可以被分别连续延拓到所有向量 $u \in \overline{G}$ 和 $u \in \overline{S}$. 于是

$$\overline{G} \cap \overline{S} = \{0\}.$$

注意到

$$\dim \overline{G} + \dim \overline{S} = \dim G_{x_n} + \dim S_{x_n} = k$$

和不等式 (3.1)(3.2) 有

$$F_x = \overline{G} \oplus \overline{S},$$

这样有

$$G_x = \overline{G}, \quad S_x = \overline{S}.$$

故在 $Z_m \cap \widehat{X}$ 上 $G_x$ 连续依赖于 $x$, 断言成立.

因 Borel 集 $Z_m \cap \widehat{X}$ 可以由闭集合逼近, 断言说明, 任意给定 $\varepsilon > 0$ 存在闭集 $B$ 使得 $\mu(X \setminus B) < 2\varepsilon$ 且 $G_x$ 在 $x \in B$ 连续. 根据测度理论 $G_x$ 在 $X$ 关于 $x$ 是可测变化的, 即 $(G_x)_{x \in X}$ 为 $F$ 的子向量丛.

至于 $(G_x)_{x \in X}$ 是 $T$ 的不变子丛由定义容易得到. (2) 得证.

**第三步** 证明 (3).

考虑 $\mu -$ a.e. $x \in X$. 任给 $\varepsilon > 0$, 记

$$C_\varepsilon(x) = \sup_{0 \neq u \in G_x, n \geqslant 0} \frac{\|T_{-n}(x)u\|}{\|u\| \exp(-\lambda_1(T) + \varepsilon)n}.$$

由于

$$G_{f(x)} = T(x)G_x, \quad T_{-n}(f(x))T(x) = T_{-(n-1)}(x), \quad n \geqslant 1,$$

我们有

$$\begin{aligned}
C_\varepsilon(f(x)) &= \sup_{0 \neq u \in G_{f(x)}, n \geqslant 0} \frac{\|T_{-n}(f(x))u\|}{\|u\| \exp(-\lambda_1(T) + \varepsilon)n} \\
&= \sup_{0 \neq u \in G_x, n \geqslant 1} \frac{\|T_{-(n-1)}(x)u\|}{\|T(x)u\| \exp(-\lambda_1(T) + \varepsilon)n} \\
&= \sup_{0 \neq u \in G_x, n \geqslant 0} \frac{\|T_{-(n-1)}(x)u\|}{\|u\| \exp(-\lambda_1(T) + \varepsilon)(n-1)} \\
&\quad \cdot \frac{\|u\|}{\|T(x)u\| \exp(-\lambda_1(T) + \varepsilon)}.
\end{aligned}$$

注意到 $\left\{ \dfrac{\|u\|}{\|T(x)u\| \exp(-\lambda_1(T) + \varepsilon)} \middle| u \in G_x, \ x \in X \right\}$ 是有界的正数集合,
我们有

$$C_\varepsilon(x) \cdot \inf_{0 \neq u \in G_x} \frac{\|u\|}{\|T(x)u\| \exp(-\lambda_1(T) + \varepsilon)}$$
$$\leqslant G_\varepsilon(f(x)) \leqslant C_\varepsilon(x) \cdot \sup_{0 \neq u \in G_x} \frac{\|u\|}{\|T(x)u\| \exp(-\lambda_1(T) + \varepsilon)}.$$

故

$$\frac{1}{\|T\| \exp(-\lambda_1(T) + \varepsilon)} \leqslant \frac{C_\varepsilon(f(x))}{C_\varepsilon(x)} \leqslant \frac{\|T^{-1}\|}{\exp(-\lambda_1(T) + \varepsilon)}.$$

这推出 $\ln C_\varepsilon(f(x)) - \ln C_\varepsilon(x)$ 可积, 进而推出

$$\lim_{n \to +\infty} \frac{1}{n} \ln C_\varepsilon(f^n(x)) = 0 \quad (\text{见习题 2}).$$

任意取定一个非零向量 $u \in G_x$. 因为

$$\|u\| = \|T_{-n}(f^n(x))T_n(x)u\| \leqslant C_\varepsilon(f^n(x))\|T_n(x)u\| \exp(-\lambda_1(T) + \varepsilon)n,$$

则

$$\lim_{n \to +\infty} \inf \frac{1}{n} \ln \|T_n(x)u\| \geqslant \lambda_1(T) - \varepsilon.$$

由 $\varepsilon > 0$ 任意取及

$$\lambda_1(T) = \lim_{n \to +\infty} \frac{1}{n} \ln \|T^n(x)\|,$$

我们有

$$\lim_{n \to +\infty} \frac{1}{n} \ln \|T_n(x)u\| = \lambda_1(T).$$

记

$$\widetilde{C}_\varepsilon(x) = \sup_{0 \neq u \in G_x, n \geqslant 0} \frac{\|T_n(x)u\|}{\|u\| \exp(\lambda_1(T) + \varepsilon)n}.$$

同理可证

$$\lim_{n \to +\infty} \frac{1}{n} \ln \widetilde{C}_\varepsilon(f^{-n}(x)) = 0.$$

因为

$$\|u\| = \|T_n(f^{-n}(x))T_{-n}(x)u\| \leqslant \widetilde{C}_\varepsilon(f^{-n}(x))\|T_{-n}(x)u\| \exp((\lambda_1(T) + \varepsilon)n),$$

则

$$\lim_{n \to +\infty} \inf \frac{1}{n} \ln \|T_{-n}(x)u\| \geqslant -\lambda_1(T) - \varepsilon.$$

令 $\varepsilon \to 0$ 并由 $G_x$ 的定义知

$$\lim_{n \to +\infty} \frac{1}{n} \ln \|T_{-n}(x)u\| = -\lambda_1(T).$$

这也就是

$$\lim_{n \to -\infty} \frac{1}{n} \ln \|T_n(x)u\| = \lambda_1(T).$$

(3) 得证, 引理证明完毕. □

本小节的引理是确定了极限形式 (而不仅仅是上极限) 的最大 Lyapunov 指数 $\lambda_1(T)$ 的存在性, 以及能取到最大指数的 $T$ 不变子丛 $G$. 不妨称 $G$ 为对应于最大指数 $\lambda_1(T)$ 的特征子丛.

### 3.2.3 第二大的 Lyapunov 指数及其特征子丛

记 $G$ 为最大 Lyapunov 指数 $\lambda_1(T)$ 的特征子丛, 它的正交补子丛记为 $G^\perp$. 选取线性映射 $G^\perp \to G$ 使得其图像为第二大 Lyapunov 指数相应的特征子丛.

**引理 3.2.9** 设 $F = (F_x)_{x \in X}$ 为向量丛, $T$ 为 $F$ 的丛同构, $G \subset F$ 为 $T$ 不变子丛, $G^\perp$ 为 $G$ 的正交补, $\pi_x \colon F_x \to G_x^\perp$, $x \in X$ 为自然投影. 定义 $G^\perp$ 上的同构

$$\widehat{T}(x) = \pi_{fx} T(x)|_{G_x^\perp}.$$

若

$$\lambda_1(\widehat{T}) + \lambda_1(T^{-1}|_G) < 0,$$

则存在 $T$ 不变子丛 $(H_x)_{x \in X}$ 使得

$$F_x = G_x \oplus H_x, \ \mu - \text{a.e.} \ x \in X \quad \text{且} \quad \lambda_1(T|_H) = \lambda_1(\widehat{T}).$$

**注 3.2.10** 可以把 $G$ 理解为最大 Lyapunov 指数对应的特征子丛. 由引理 3.2.8

$$\lim_{n \to \pm \infty} \frac{1}{n} \ln \|T_n(x)u\| = \lambda_1(T), \ u \in G_x, \quad \mu - \text{a.e.} \ x \in X.$$

因为 $f$ 是同胚, 则 $\mu$ 是 $f^{-1}$ 保持的遍历测度 (思考题). 显然 $T^{-1} \colon G \to G$ 覆盖 $f^{-1} \colon X \to X$, 即

$$f^{-1} \circ \pi = \pi \circ T^{-1},$$

其中 $\pi \colon G \to X$ 为自然丛投射. 于是

$$\begin{aligned}
\lambda_1(T^{-1}|_G) &= \lim_{n \to +\infty} \frac{1}{n} \ln \|T_n^{-1}(x)\| \\
&= \lim_{n \to +\infty} \frac{1}{n} \ln \|T^{-1}(f^{-(n-1)}(x)) \cdots T^{-1}(f^{-1}(x))T^{-1}(x)\| \\
&= \lim_{n \to +\infty} \frac{1}{n} \ln \|T_{-n}(x)\| \\
&= -\lambda_1(T).
\end{aligned}$$

故条件

$$\lambda_1(\widehat{T}) + \lambda_1(T^{-1}|_G) < 0$$

可以理解为

$$\lambda_1(\widehat{T}) < \lambda_1(T).$$

本引理是在处理最大指数之外的"最大"指数和相应的不变子丛.

**引理证明**　取可测映射

$$\eta_i, \zeta_j: X \to \mathbb{R}^k, \quad i = 1, \cdots, r; \; j = 1, \cdots, \ell, \quad r + \ell = k$$

使得对 $\mu$ – a.e. $x \in X$, $\eta_1(x), \cdots, \eta_r(x)$ 和 $\zeta_1(x), \cdots, \zeta_\ell(x)$ 分别是 $G_x^\perp$ 和 $G_x$ 的单位正交基. 设

$$\Sigma = \{A: G^\perp \to G, A(x): G_x^\perp \to G_x \text{是线性映射,}$$
$$\text{在基下的矩阵各元素有界且可测地依赖于 } x, \; \mu - \text{a.e.}\}.$$

我们定义一个算子

$$\Phi: \Sigma \to \Sigma, \quad \Phi(A)(x) = T(x)^{-1} A(f(x))\widehat{T}(x),$$

这里 $T(x)^{-1}: G_{f(x)} \to G_x$ 表示 $T(x): G_x \to G_{f(x)}$ 的逆映射. 我们的目的是通过 $\Phi$ 寻找线性映射 $A(x): G_x^\perp \to G_x$, 进而定义图线性空间

$$H_x = \mathrm{graph}(A(x)) = \{u + A(x)u \mid u \in G_x^\perp\},$$

使之满足不变性

$$T(x)H_x = H_{f(x)},$$

并确定 $T$ 在不变子丛 $H = (H_x)_{x \in X}$ 上的 Lyapunov 指数.

设 $P(x): G_x^\perp \to G_{f(x)}$, 满足

$$T(x)(u + u') = \widehat{T}(x)u + T(x)|_{G_x} u' + P(x)u, \quad u \in G_x^\perp, \; u' \in G_x,$$

如图 3.3 所示.

取 $u' = A(x)u$ 则有 (用坐标表示向量之和)

$$T(x)\begin{pmatrix} u \\ A(x)u \end{pmatrix} = \begin{pmatrix} \widehat{T} & 0 \\ P(x) & T(x)|_{G_x} \end{pmatrix} \begin{pmatrix} u \\ A(x)u \end{pmatrix}$$
$$= \begin{pmatrix} \widehat{T}(x)u \\ P(x)u + T(x)|_{G_x} A(x)u \end{pmatrix}.$$

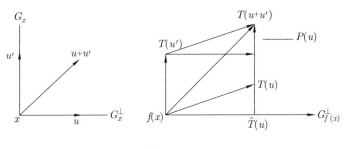

**图 3.3**

我们寻找 $T$ 不变子丛 $H = (H_x)_{x \in X}$, 即 $T(x)H_x = H_{f(x)}$. 根据上面表达式我们看到,

$$T(x)H_x = H_{f(x)} \Longleftrightarrow A(f(x))\widehat{T}(x) = P(x) + T(x)|_{G_x}A(x). \qquad (3.3)$$

用 $T(x)^{-1}$ 作用 (3.3) 右侧等式并注意 $G$ 是不变丛, 有

$$T(x)^{-1}A(f(x))\widehat{T}(x) = (T(x)|_{G_x})^{-1}P(x) + A(x).$$

根据 $\varPhi$ 的定义, 则有

$$(3.3) \ \text{式} \Longleftrightarrow A - \varPhi(A) = -(T(x)|_{G_x})^{-1}P(x).$$

记 $B(x) = -(T(x)|_{G_x})^{-1}P(x)$ 则

$$(3.3) \ \text{式} \Longleftrightarrow A - \varPhi(A) = B.$$

若存在 $\lambda < 0$ 和可测函数 $C: X \to \mathbb{R}$ 满足

$$\| \varPhi^n(B)(x)\| \leqslant C(x)\mathrm{e}^{\lambda n}, \quad \mu - \text{a.e.} x \in X, \ \forall n \geqslant 0,$$

则级数 $\sum\limits_{n=0}^{\infty} \varPhi^n(B)$ 几乎处处收敛进而成为 $\varSigma$ 里的一个元素. 取 $A = \sum\limits_{n=0}^{\infty} \varPhi^n(B)$, 则

$$A - \varPhi(A) = \sum_{n=0}^{\infty} \varPhi^n(B) - \sum_{n=1}^{\infty} \varPhi^n(B) = B,$$

即 $A = \sum\limits_{n=0}^{\infty} \varPhi^n(B)$ 为 (3.3) 式的解.

下面证明存在 $\lambda$ 和 $C$ 满足 $\|\varPhi^n(B)\| \leqslant C(x)\mathrm{e}^{\lambda n}$.

任给定 $\varepsilon > 0$ 满足

$$\lambda_1(\widehat{T}) + \lambda_1(T^{-1}|_G) + 3\varepsilon < 0.$$

设

$$K_\varepsilon(x) = \sup_{n \geqslant 0} \|\widehat{T}^n(x)\| \exp((-\lambda_1(\widehat{T}) - \varepsilon)n),$$

$$D_\varepsilon(x) = \sup_{n \geqslant 0} \|(T^{-1}|_G)^n(x)\| \exp((-\lambda_1(T^{-1}|_G) - \varepsilon)n).$$

由 $T$ 的假定条件, 再由 $\lambda_1(\widehat{T})$ 的定义易知, 在 $\mu$ 的一个全测度集合上 $K_\varepsilon(x)$ 有界. 注意 $B \in \varSigma$, 可取 $M > 0$ 满足 $\|B(x)\| \leqslant M, \mu - \text{a.e.} x \in X$.

依定义

$$\varPhi(B)(x) = T(x)^{-1}B(f(x))\widehat{T}(x),$$

$$\begin{aligned}
\varPhi^2(B)(x) &= \varPhi(\varPhi(B))(x) \\
&= T(x)^{-1}T(f(x))^{-1}B(f^2(x))\widehat{T}(f(x))\widehat{T}(x) \\
&= (T^{-1}|_G)^2(f^2(x))B(f^2(x))\widehat{T}^2(x).
\end{aligned}$$

由归纳法

$$\varPhi^n(B)(x) = (T^{-1}|_G)^n(f^n(x))B(f^n(x))\widehat{T}^n(x).$$

于是

$$\|\varPhi^n(B)(x)\| \leqslant MD_\varepsilon(f^n(x))K_\varepsilon(x)\exp(\lambda_1(\widehat{T}) + \lambda_1(T^{-1}|_G) + 2\varepsilon)n.$$

容易验证 $\ln\left|\dfrac{D_\varepsilon(f(x))}{D_\varepsilon(x)}\right|$ 是可积函数, 再由习题这意味着

$$\lim_{n \to +\infty} \frac{1}{n}\ln D_\varepsilon(f^n(x)) = 0, \quad \mu - \text{a.e. } x \in X.$$

这允许我们定义一个 $\mathcal{L}^\infty$ 函数

$$\widetilde{D}_\varepsilon = \sup_{n \geqslant 0} D_\varepsilon(f^n(x)) \exp(-n\varepsilon).$$

于是

$$\|\Phi^n(B)(x)\| \leqslant M\widetilde{D}_\varepsilon(x)K_\varepsilon(x)\exp(\lambda_1(\widehat{T}) + \lambda_1(T^{-1}|_G) + 3\varepsilon)n.$$

取

$$\lambda = \lambda_1(\widehat{T}) + \lambda_1(T^{-1}|_G) + 3\varepsilon,$$

$$C(x) = M\widetilde{D}_\varepsilon(x)K_\varepsilon(x),$$

则 $\lambda < 0$ 且

$$\|\Phi^n(B)(x)\| \leqslant C(x)\mathrm{e}^{\lambda n}, \quad \mu - \mathrm{a.e.}\, x \in X,\ \forall n \geqslant 0.$$

至此我们确定了不变子丛 $H = (H_x)_{x \in X}$.

类似于 $\lambda_1(T)$ 的讨论 (参考引理 3.2.8 之前面的讨论), 对 $\mu-\mathrm{a.e.}\ x \in X$ 有

$$\lim_{n \to +\infty} \frac{1}{n} \ln \|\widehat{T}_n(x)\| = \lambda_1(\widehat{T}).$$

下面验证

$$\lambda_1(T|_H) = \lambda_1(\widehat{T}).$$

设

$$E(x): G_x^\perp \to H_x, \quad E(x)u = u + A(x)u = u + \sum_{n=0}^{+\infty} \Phi^n(B)u,$$

则

$$T(x)|_{H_x} = E(f(x))\widehat{T}(x)E^{-1}(x), \quad T_n(x)|_{H_x} = E(f^n(x))\widehat{T}_n(x)E^{-1}(x),$$

并且有

$$\|E(x)\| \leqslant 1 + \|A(x)\| \leqslant 1 + C(x)\frac{1}{1 - \mathrm{e}^\lambda}.$$

于是有

$$
\begin{aligned}
\lambda_1(T|_H) &= \lim_{n\to+\infty} \frac{1}{n} \ln \|T_n(x)|_{Hx}\| \\
&\leqslant \lim_{n\to+\infty} \frac{1}{n}(\ln \|E(f^n(x))\| + \ln \|\widehat{T}_n(x)\| + \ln \|E^{-1}(x)\|) \\
&= \lambda_1(\widehat{T}), \quad \mu - \text{a.e. } x \in X.
\end{aligned}
$$

同理可证明

$$
\lambda_1(T|_H) \geqslant \lambda_1(\widehat{T}).
$$

故等式

$$
\lambda_1(T|_H) = \lambda_1(\widehat{T})
$$

成立. 引理证明完成.　　　　　　　　　　　　　　　　　　□

**推论 3.2.11**　设 $F = (F_x)_{x\in X}$ 为向量丛, $T: F \to F$ 为同构, 则或者

$$
\lim_{n\to\pm\infty} \frac{1}{n} \ln \|T_n(x)u\| = \lambda_1(T), \quad \forall 0 \neq u \in F_x, \mu - \text{a.e. } x \in X,
$$

或者存在 $T$ 的不变子丛 $G$ 和 $H$, 使得

$$
G_x \oplus H_x = F_x, \quad \mu - \text{a.e. } x \in X,
$$

$$
\lambda_1(T|_H) < \lambda_1(T)
$$

且

$$
\lim_{n\to\pm\infty} \frac{1}{n} \ln \|T_n(x)u\| = \lambda_1(T), \quad \forall 0 \neq u \in G_x, \mu - \text{a.e. } x \in X.
$$

**证明**　取 $G$ 为引理 3.2.8 确定的向量丛.

若 $G_x = F_x, \mu - \text{a.e. } x \in X$, 则推论证完. 如若不是这种情形, 根据 $f$ 的遍历性则有

$$
G_x \neq F_x, \quad \mu - \text{a.e. } x \in X.
$$

设 $G^\perp$ 和 $\widehat{T}: G^\perp \to G^\perp$ 如引理 3.2.9.

**断言**: $\lambda_1(\widehat{T}) < \lambda_1(T)$.

用反证法证明断言. 假设有

$$\lambda_1(\widehat{T}) \geqslant \lambda_1(T).$$

由引理 3.2.8 存在 $\widehat{T}$ 不变的子丛 $\widehat{G} \subset G^{\perp}$ 使得

$$\lim_{n \to \pm\infty} \frac{1}{n} \ln \|\widehat{T}_n(x)u\| = \lambda_1(\widehat{T}), \quad u \in \widehat{G}_x, \mu - \text{a.e. } x \in X.$$

但是对于 $u \in \widehat{G}_x$

$$\pi_{f^n x} T_n(x)u = \widehat{T}_n(x)u.$$

于是

$$\lim_{n \to \pm\infty} \inf \frac{1}{n} \ln \|T_n(x)u\| \geqslant \lim_{n \to \pm\infty} \frac{1}{n} \ln \|\widehat{T}_n(x)u\| = \lambda_1(\widehat{T}), \quad u \in \widehat{G}_x.$$

但

$$\lim_{n \to \pm\infty} \sup \frac{1}{n} \ln \|T_n(x)u\| \leqslant \lambda_1(T), \quad u \in \widehat{G}_x,$$

得

$$\lambda_1(T) = \lambda_1(\widehat{T}).$$

这推出

$$\lim_{n \to \pm\infty} \frac{1}{n} \ln \|T_n(x)u\| = \lambda_1(T), \quad u \in G_x \oplus \widehat{G}_x, \ \mu - \text{a.e. } x \in X.$$

对 $\varepsilon > 0$, 设

$$C_\varepsilon(x) = \inf_{0 \neq u \in G_x \oplus \widehat{G}_x, n \geqslant 0} \frac{\|T_n(x)u\|}{\|u\| \exp((\lambda_1(T) - \varepsilon)n)},$$

则 $C_\varepsilon(x)$ 是关于 $x$ 的可测函数, 且类似于引理 3.2.8 知 $\ln \dfrac{C_\varepsilon(f^{-1}(x))}{C_\varepsilon(x)}$ 可积, 进而推出

$$\lim_{n \to +\infty} \sup \frac{1}{n} \ln C_\varepsilon(f^{-n}(x)) = 0.$$

现在我们有

$$\|u\| = \|T_n(f^{-n}(x))T_{-n}(x)u\| \geqslant C_\varepsilon(f^{-n}(x))\|T_{-n}(x)u\| \exp((\lambda_1(T) - \varepsilon)n).$$

取对数令 $n \to \infty$ 取极限再注意到 $\varepsilon > 0$ 任意小, 我们推出

$$\lim_{n \to +\infty} \sup \frac{1}{n} \ln \|T_{-n}(x)u\| \leqslant -\lambda_1(T), \quad u \in G_x \oplus \widehat{G}_x, \quad \mu - \text{a.e. } x \in X.$$

这与 $G_x$ 的定义矛盾 (参见引理 3.2.8 的叙述). 故 $\lambda_1(\widehat{T}) < \lambda_1(T)$. 断言成立.

由引理 3.2.8

$$\lim_{n \to +\infty} \frac{1}{n} \ln \|T_n(x)u\| = \lambda_1(T), \quad u \in G_x, \quad \mu - \text{a.e. } x \in X.$$

于是

$$\lambda_1(\widehat{T}) + \lambda_1(T^{-1}|_G) = \lambda_1(\widehat{T}) - \lambda_1(T) < \lambda_1(T) - \lambda_1(T) = 0.$$

由引理 3.2.9, 存在 $T$ 的不变子丛 $H$ 使得 $\lambda_1(T|_H) = \lambda_1(\widehat{T}) < \lambda_1(T)$. 推论证明完成.                                                              □

### 3.2.4　定理的证明

在定理 3.2.3 中假定了

$$T \colon X \to \mathcal{L}(\mathbb{R}^k)$$

是连续映射. 自然 $T$ 满足上两个子节的引理和推论.

**定理 3.2.3(3) 的证明**　记 $\lambda_1 = \lambda_1(T)$, 利用推论 3.2.11 我们得到 $T$ 的不变子丛 $E_1$ 和 $F_1$ 满足

$$\mathbb{R}^k = E_{1,x} \oplus F_{1,x},$$

$$\lambda_1(T|_{F_1}) < \lambda_1,$$

和

$$\lim_{n \to \pm\infty} \frac{1}{n} \ln \|T_n(x)u\| = \lambda_1, \quad u \in E_{1,x}, \quad \mu - \text{a.e. } x \in X.$$

设 $\lambda_2 = \lambda_1(T|_{F_1})$, 即 $T$ 在子丛 $F_1$ 上的最大 Lyapunov 指数. 我们得到 $T$ 的不变子丛 $E_2$ 和 $F_2$ 满足

$$F_{1,x} = E_{2,x} \oplus F_{2,x},$$

$$\lambda_1(T|_{F_2}) < \lambda_2$$

和

$$\lim_{n \to \pm\infty} \frac{1}{n} \ln \|T_n(x)u\| = \lambda_2, \quad u \in E_{2,x}, \quad \mu - \text{a.e.}, \; x \in X.$$

归纳得到子向量丛 $E_1, \cdots, E_\ell$, 得到数字 $\lambda_1, \cdots, \lambda_\ell, \ell \leqslant k$ 满足

$$R^k = E_{1,x} \oplus \cdots \oplus E_{\ell,x},$$

并且

$$\lim_{n \to \pm\infty} \frac{1}{n} \ln \|T_n(x)u\| = \lambda_j, \quad 0 \neq u \in E_{j,x}, \quad 1 \leqslant j \leqslant \ell, \quad \mu - \text{a.e.} \; x \in X.$$

记 $n_j = \dim E_j, j = 1, \cdots, \ell$, 记 $\Lambda = \Lambda(n_1, \cdots, n_\ell)$. 则 $\Lambda$ 是正则点集合, 具有 $\mu$ 满测度. 用 Lyapunov 指数定义易知 $f(\Lambda) = \Lambda$. 定理 3.2.3(3) 得证.

**定理 3.2.3(1)(2) 的证明** 设 $\{n_i\}_{i=1}^\ell$ 为正整数列, 设 $p \geqslant 1$ 为整数, 设

$$\mathcal{F} = \{(\lambda_i^-, \lambda_i^+), \; \lambda_i \in (\lambda_i^-, \lambda_i^+), \; i = 1, \cdots, \ell\}$$

是互不相交的端点均为有理数长度小于 $\frac{1}{p}$ 的区间组.

对 $C > 0$ 为整数, 定义 $\Lambda(\mathcal{F}, C)$ 是满足下面条件的点 $x \in X$ 构成的集合: 存在分解

$$R^k = E_1(x) \oplus \cdots \oplus E_\ell(x), \quad \dim E_j(x) = n_j, \quad n_1 + \cdots + n_\ell = k,$$

使得 $u \in E_j(x)$ 有

$$\|u\| C^{-1} \exp(\lambda_j^- n) \leqslant \|T_n(x)u\| \leqslant \|u\| C \exp(\lambda_j^+ n), \quad n \geqslant 0, \tag{3.4}$$

$$\|u\| C^{-1} \exp(\lambda_j^+ n) \leqslant \|T_n(x)u\| \leqslant \|u\| C \exp(\lambda_j^- n), \quad n < 0. \tag{3.5}$$

用反证法易知, 若 $x \in \Lambda(\mathcal{F}, C)$ 则 $\mathbb{R}^k$ 的分解唯一.

利用题设条件对每个 $n$, 映射

$$(x, u) \to \|T_n(x)u\| \quad \text{和} \quad (x, u) \to \|T_{-n}(x)u\|$$

关于 $(x, u) \in \Lambda(\mathcal{F}, C) \times \mathbb{R}^k$ 均连续. 利用 (3.4)(3.5) 及 $\Lambda(\mathcal{F}, C)$ 上子丛 $E_j$ 的维数为常数, 类似于引理 3.2.8(2) 的断言易证, $E_j(x)$ 在 $\Lambda(\mathcal{F}, C)$ 上连续变化. 据此有 $\Lambda(\mathcal{F}, C)$ 为闭集. 由

$$\Lambda(n_1, \cdots, n_\ell) = \bigcap_{p=1}^{\infty} \bigcup_{\mathcal{F}} \bigcup_{C=1}^{\infty} \Lambda(\mathcal{F}, C) \tag{3.6}$$

推出 $\Lambda(n_1, \cdots, n_\ell)$ 为 Borel 集, 定理 3.2.3(1) 得证.

由于 $E_j(x)$ 连续依赖于 $x \in \Lambda(\mathcal{F}, C)$, 故 (3.6) 式说明映射 $\Lambda(n_1, \cdots, n_\ell) \to G_{n_j}, x \to E_j(x)$ 可测.

注意到我们有

$$\lambda_j(x) = \lim_{n \to +\infty} \frac{1}{n} \ln \|T_n(x)|_{E_j(x)}\|.$$

因为 $E_j(x)$ 在 $\Lambda(\mathcal{F}, C)$ 上连续变化, 则 $\|T_n(x)|_{E_j(x)}\|$ 在 $\Lambda(\mathcal{F}, C)$ 上也连续变化. 因 $\Lambda(\mathcal{F}, C)$ 的 $\mu$ 测度充分接近 $\Lambda(n_1, \cdots, n_\ell)$ 的 $\mu$ 测度, 据测度理论知函数 $\Lambda(n_1, \cdots, n_\ell) \to \mathbb{R}, x \to \lambda_j(x)$ 关于 $x$ 可测. 定理 3.2.3(2) 得证. □

## §3.3　流形微分同胚的乘法遍历定理

设 $f: M \to M$ 是紧致光滑 Riemann 流形上的 $C^1$ 微分同胚. 称 $x \in M$ 为 $(f, Df)$ 的正则点, 若存在实数

$$\lambda_1(x) > \cdots > \lambda_m(x)$$

和切空间的分解

$$T_x M = E_1(x) \oplus \cdots \oplus E_m(x),$$

满足

$$\lim_{n \to \pm\infty} \frac{1}{n} \ln \|D_x f^n u\| = \lambda_j(x), \quad u \in E_j(x), \, u \neq 0, \, 1 \leqslant j \leqslant m.$$

称 $\lambda_j(x)$ 为 Lyapunov 指数, 称 $E_j(x)$ 为对应的特征子空间.

**定理 3.3.1 (Oseledets)** 若 $f: M \to M$ 是紧致光滑 Riemann 流形上的 $C^1$ 微分同胚保持概率测度 $\mu$, 则正则点构成的集合 $\Lambda$ 满足 $f(\Lambda) = \Lambda$ 且 $\mu(\Lambda) = 1$.

**证明** 取正整数 $K$ 并将流形 $M$ 嵌入欧式空间 $\mathbb{R}^k$ 中. 对于 $x \in M$ 定义

$$T(x): \mathbb{R}^k \to \mathbb{R}^k, \quad T(x)u = (D_x f)u, \quad u \in T_x M;$$

$$T(x)u = \lambda u, \quad u \in (T_x M)^\perp,$$

这里 $\lambda > 0$ 充分小且满足

$$\lambda < \inf_x \|(D_x f)^{-1}\|^{-1} \leqslant \sup_x \|D_x f\| < \frac{1}{\lambda}.$$

对于 $u \in (T_x M)^\perp$ 有

$$\lim_{n \to \pm\infty} \frac{1}{n} \ln \|T_n(x)u\| = \ln \lambda.$$

$T$ 在 $\mu - $a.e. $x \in X$ 点的 Lyapunov 指数等于 $f$ 的 Lyapunov 指数添加上 $\ln \lambda$, $T$ 在 $\mu - $a.e. $x \in X$ 点的特征子空间等于 $f$ 的特征子空间添加上 $(T_x M)^\perp$. 则 $x$ 为 $(f, Df)$ 的正则点当且仅当 $x$ 为 $(f, T)$ 的正则点, $\mu - $a.e. $x \in X$. 根据定理 3.2.3 即完成证明. □

## §3.4 习 题

1. 设 $f: X \to X$ 是紧致度量空间的同胚保持遍历测度 $\mu$. 设 $T: E \to E$ 是向量丛的线性同构且覆盖 $f: X \to X$. 设

$$\lim_{n \to \pm\infty} \frac{1}{n} \ln \|T_n(x)\| = \lambda_1(T), \quad \mu - \text{a.e. } x \in X.$$

给定 $\varepsilon > 0$, 记

$$C_\varepsilon(x) = \sup_{0 \neq u \in G_x, n \geqslant 0} \frac{\|T_n(x)u\|}{\|u\| \exp(\lambda_1(T) + \varepsilon)n}.$$

证明: $C_\varepsilon(x)$ 是关于 $x$ 的可测函数.

2. 设 $(X, \mathcal{B}, \mu)$ 是一个概率空间, 设 $f\colon X \to X$ 是保测映射, 设 $C\colon X \to \mathbb{R}$ 是可测函数. 如果 $C \circ f - C$ 可积, 则

$$\lim_{n \to +\infty} \frac{1}{n} C(f^n(x)) = 0, \quad \mu - \text{a.e. } x \in X.$$

3. 设 $f\colon M \to M$ 是紧流形 $M$ 上的 $C^1$ 微分同胚, 则所有遍历测度的所有 Lyapunov 指数均为 0 的充要条件是:

$$\forall \varepsilon > 0, \quad \exists\, C > 0, \quad \text{s.t.} \quad \sup_{x \in M} \|D_x f^n\| < C \mathrm{e}^{\varepsilon |n|}.$$

# 第 4 章 测度熵与 Lyapunov 指数: Ruelle 不等式, Pesin 等式

Lyapunov 指数通过切映射的扩张性量度保测概率系统的运动复杂性态. 测度熵通过可测分解的元素经映射后与该分解中元素的相交个数 (取决于扩张性) 量度保测概率系统的运动复杂性态. 本章介绍这两个量的本质性内蕴关系: Ruelle 不等式, Pesin 等式.

## §4.1 测 度 熵

设 $(X, \mathcal{B}, m)$ 为概率空间, $f\colon X \to X$ 是保测映射. 称 $(X, \mathcal{B}, m, f)$ 为概率系统. 本节我们介绍概率系统的测度熵. 测度熵量度概率系统的运动复杂程度.

### 4.1.1 概念

**定义 4.1.1** 称
$$\alpha = \{A_1, \cdots, A_k\}$$
为 $X$ 的可测分解, 如果 $A_i \in \mathcal{B}, \quad i = 1, \cdots, k$, 且

$$m(A_i \cap A_j) = 0, \ i \neq j, \quad m\left(X \setminus \bigcup_{j=1}^{k} A_j\right) = 0.$$

测度 $m$ 关于分解 $\alpha$ 的熵定义为

$$H(\alpha) = -\sum_{i=1}^{k} m(A_i) \ln m(A_i).$$

$(f, m)$ 关于分解 $\alpha$ 的测度熵定义为

$$h_m(f, \alpha) = \lim_{n \to +\infty} \frac{1}{n} H\left(\bigvee_{i=0}^{n-1} f^{-i}\alpha\right),$$

其中

$$\bigvee_{i=0}^{n-1} f^{-i}\alpha = \{A_{i_0} \cap f^{-1}A_{i_1} \cap \cdots \cap f^{-(n-1)}A_{i_{n-1}} \mid A_{i_0}, \cdots, A_{i_{n-1}} \in \alpha\}$$

也是 $X$ 的可测分解.

$f$ 关于 $m$ 的测度熵定义为

$$h_m(f) = \sup_{\alpha \text{为有限分解}} h_m(f, \alpha).$$

我们在本小节最后将指出, 定义 5.1.3 中的极限存在, 即测度熵合理定义. 现在先通过例子简单理解一下测度熵概念.

**例 4.1.2**　$h_m(\text{id}) = 0$, 即恒同映射熵为 0.

设 $\alpha = \{A_1, \cdots, A_k\}$ 为 $X$ 的可测分解, 则

$$\text{id}^{-1}\alpha = \alpha, \quad \bigvee_{i=0}^{n-1} \text{id}^{-i}\alpha = \alpha.$$

$$H\left(\bigvee_{i=0}^{n-1} \text{id}^{-i}\alpha\right) = H(\alpha), \quad h_m(\text{id}, \alpha) = 0.$$

**例 4.1.3**　设 $X$ 为由 $k$ 个平均概率事件组成, 即设

$$X = \bigcup_{i=1}^{k} A_i, \quad A_i \in \mathcal{B}, \quad m(A_i) = \frac{1}{k}, \quad i = 1, \cdots, k.$$

此时 $X$ 有可测分解 $\alpha = \{A_1, \cdots, A_k\}$.

$$\begin{aligned}
H(\alpha) &= -\sum_{i=1}^{k} \frac{1}{k} \ln \frac{1}{k} \\
&= -\ln \frac{1}{k} \sum_{i=1}^{k} \frac{1}{k} \\
&= -\ln \frac{1}{k} = \ln k.
\end{aligned}$$

**引理 4.1.4** 由

$$\phi(x) = \begin{cases} 0, & x = 0, \\ x \ln x, & x > 0 \end{cases}$$

定义的函数 $\phi: [0, \infty) \to \mathbb{R}$ 满足凸性质:

$$\phi(ax + by) \leqslant a\phi(x) + b\phi(y), \quad \forall x, y \in [0, \infty), \ a, b \geqslant 0, \ a + b = 1,$$

等号只在 $x = y$ 或 $a = 0$ 或 $b = 0$ 时成立. 一般地, 对 $k \geqslant 1$ 我们有

$$\phi\left(\sum_{i=1}^{k} \alpha_i x_i\right) \leqslant \sum_{i=1}^{k} \alpha_i \phi(x_i),$$

其中 $x_i \in [0, \infty), \alpha_i \geqslant 0, \sum_{i=1}^{k} \alpha_i = 1$. 等式只在所有对应于非零的 $\alpha_i$ 的 $x_i$ 都相等时成立.

引理证明留作习题.

**推论 4.1.5** 设 $\xi = \{A_1, \cdots, A_k\}$ 为可测分解, 则

$$H(\xi) = -\sum_{i=1}^{k} m(A_i) \ln m(A_i) \leqslant \ln k.$$

**证明**

$$\begin{aligned} H(\xi) &= -\sum_{i=1}^{k} m(A_i) \ln m(A_i) = -k\sum_{i=1}^{k} \frac{1}{k} m(A_i) \ln m(A_i) \\ &= -k\sum_{i=1}^{k} \frac{1}{k} \phi(m(A_i)) \overset{\text{引理}}{\leqslant} -k\phi\left(\sum_{i=1}^{k} \frac{1}{k} m(A_i)\right) \\ &= -k\phi\left(\frac{1}{k}\right) = -k\frac{1}{k} \ln \frac{1}{k} \\ &= -\ln \frac{1}{k} = \ln k. \end{aligned}$$

$\square$

在例子 4.1.3 中, 分解的每个元素概率相同 (每个事件 $A_i$ 发生的概率相同), 不确定性达到最大值为 $\ln k$, 参见推论 4.1.5. 由此说明, $H(\alpha)$

量度分解 $\alpha$ 的不确定性, $h_m(f,\alpha)$ 量度 $\alpha$ 经 $f$ 迭代形成的分解 $\bigvee\limits_{i=0}^{n-1} f^{-i}\alpha$ 的不确定性的平均值. 例子 4.1.2 说明无论概率事件有怎样的不确定性, 恒同映射熵为 0. 这样看来, 测度熵 $h_m(f)$ 表述 $f$ 的迭代所引起的不确定性或称复杂性.

设 $C$ 为概率空间 $(X,\mathcal{B},m)$ 的一个可测集合满足 $m(C) > 0$, 则

$$\mathcal{B} \cap C = \{B \cap C \mid B \in \mathcal{B}\}$$

为集合 $C$ 上的一个 $\sigma$ 代数, 而

$$\mathcal{B} \cap C \to [0,1], \quad A \cap C \mapsto \frac{m(A \cap C)}{m(C)}$$

是以 $C$ 为全空间的测度, 称为 $m$ 限制在 $C$ 上的**条件测度**, 记作 $m(\cdot|C)$.

**命题 4.1.6**　设 $\xi = \{C_1, C_2, \cdots, C_k\}$, $\eta = \{D_1, D_2, \cdots, D_r\}$ 为概率空间 $(X, \mathcal{B}, m)$ 的两个可测分解, 记 $\xi \vee \eta = \{C_i \cap D_j,\ i = 1, \cdots, k,\ j = 1, \cdots, r\}$, 则分解熵满足不等式

$$H(\xi \vee \eta) \leqslant H(\xi) + H(\eta).$$

**证明**　由已知有

$$H(\xi \vee \eta) = -\sum_{i,j} m(C_i \cap D_j) \ln m(C_i \cap D_j)$$

$$= -\sum_{i,j} m(C_i \cap D_j) \ln m(C_i) m(D_j|C_i)$$

$$= -\sum_{i,j} m(C_i \cap D_j) \ln m(C_i) - \sum_{i,j} m(C_i) m(D_j|C_i) \ln m(D_j|C_i)$$

$$= -\sum_i \left( \sum_j m(C_i \cap D_j) \right) \ln m(C_i)$$

$$\quad - \sum_j \left( \sum_i m(C_i) m(D_j|C_i) \ln m(D_j|C_i) \right)$$

$$\leqslant H(\xi) - \sum_j m(D_j) \ln m(D_j) \quad (\text{使用引理 4.1.4})$$

$$= H(\xi) + H(\eta),$$

上述运算中我们用到了

$$\sum_i m(C_i)m(D_j|C_i)\ln m(D_j|C_i)$$

$$= \sum_i m(C_i)\phi(m(D_j|C_i)) \geqslant \phi\left(\sum_i m(C_i)m(D_j|C_i)\right)$$

$$= \phi\left(\sum_i m(C_i\cap D_j)\right) = \phi(m(D_j)) = m(D_j)\ln m(D_j). \qquad \square$$

用归纳法可以将命题 4.1.6 推广到有限多个分解的情形.

**注 4.1.7** 记

$$a_n = H\left(\bigvee_{i=0}^{n-1} f^{-i}\alpha\right).$$

用命题 4.1.6 可以证明数列 $\{a_n\}$ 是次可加的, 即

$$a_{n+k} \leqslant a_n + a_k.$$

次可加数列的极限存在 (思考题):

$$\lim_{n\to+\infty} \frac{a_n}{n} = \inf_n \frac{a_n}{n}.$$

于是 $h_m(f,\alpha)$ 合理定义 (极限存在).

#### 4.1.2 计算

设 $(X,\mathcal{B},m)$ 为概率空间, 一个可测分解 $\alpha$ 称为生成子分解, 如果对任意 $\varepsilon > 0$ 和 $B \in \mathcal{B}$, 存在 $n \geqslant 1$ 及

$$C_1,C_2,\cdots,C_r \in \bigvee_{i=0}^{n-1} f^{-i}\alpha,$$

使得

$$m\left(B\triangle \bigcup_{i=1}^{r} C_i\right) < \varepsilon,$$

其中 $A\triangle B = (A\backslash B)\cup(B\backslash A)$. 记 $\bigvee_{i=0}^{+\infty} f^{-i}\alpha$ 为包含 $T^iA, A\in\alpha, i\geqslant 0$ 的

最小 $\sigma$ 代数 $\left(\text{或称} \bigvee\limits_{i=0}^{+\infty} f^i \alpha \text{ 为 } \{f^{-i}\alpha \mid i \geqslant 0\} \text{ 生成的 } \sigma \text{ 代数}\right)$. 则 $\alpha$ 为

生成子分解等价于 $\bigvee\limits_{i=0}^{+\infty} f^i \alpha \doteq \mathcal{B}$ (思考题), 即对 $C \in \bigvee\limits_{i=0}^{+\infty} f^i \alpha$ 存在 $D \in \mathcal{B}$

使得 $m(C \triangle D) = 0$ 且对 $C \in \mathcal{B}$ 存在 $D \in \bigvee\limits_{i=0}^{+\infty} f^i \alpha$ 使得 $m(C \triangle D) = 0$.

**定理 4.1.8 (Kolmogorov-Sinai)**　若可测分解 $\alpha$ 是生成子, 则

$$h_m(f) = h_m(f, \alpha).$$

证明过程可从遍历论相关教材中找到, 例如文献 [17].

为了介绍下面的例子我们再给出一个命题, 其证明可在文献 [17] 中找到.

**命题 4.1.9**　对正整数 $n$ 有

$$h_m(f^n) = n h_m(f).$$

**例 4.1.10**　当 $T: X \to X$ 为周期映射时, 即满足 $T^p = \mathrm{id}, p \in \mathbb{N}$, 则对每个 $T$ 不变的测度 $m$, 根据命题 4.1.9 有

$$h_m(T) = \frac{1}{p} h_m(T^p) = \frac{1}{p} h_m(\mathrm{id}) = 0.$$

**例 4.1.11**　设 $S^1 = \mathbb{R} \setminus \mathbb{N}$ 为单位圆周, 设

$$T: S^1 \to S^1, \quad T(x) = x + \alpha (\mathrm{mod}\ 1) \quad (\alpha \in \mathbb{R} \text{ 是常数})$$

为单位圆周上的旋转. 设 $T$ 保持一个不变的 Borel 测度 $m$.

情形 1　当 $\alpha$ 为有理数时, 存在 $p \in \mathbb{Z}$, $q \in \mathbb{N}$, 使得 $\alpha = \dfrac{p}{q}$, 则 $T^q(x) = x, \forall x \in S^1$. 由例 4.1.10 知测度熵为 0.

情形 2　当 $\alpha$ 为无理数时. 记 $\xi = \{A_1, A_2\}$, 其中 $A_1$ 为上半圆周 $[1, -1)$, $A_2$ 为下半圆周 $[-1, 1)$. 易知 $\{n\alpha (\mathrm{mod}\ 1)\}_{n \in \mathbb{Z}}$ 在 $S^1$ 中稠密. 任何包含左端点而不含右端点 (以逆时针序) 的半圆周都属于 $\{T^n \xi, n \in \mathbb{Z}\}$

生成的 $\sigma$ 代数. 进而, 任何包含左端点而不含右端点 (以逆时针序) 的圆弧都属于 $\{T^n\xi, \ n \in \mathbb{Z}\}$ 生成的 $\sigma$ 代数. 每个开区间, 进而其并集, 进而所有开集均属于 $\{T^n\xi, \ n \in \mathbb{Z}\}$ 生成的 $\sigma$ 代数. 这说明 $\xi$ 是生成子分解. 由 Kolmogorov-Sinai 定理知 $h_m(T) = h_m(T, \xi)$.

当 $n = 1$ 时, $\#\xi = 2$.

对于 $n - 1$ 时, 有

$$\# \left( \bigvee_{i=0}^{n-2} T^{-i}\xi \right) = 2(n-1).$$

分解 $\displaystyle\bigvee_{i=0}^{n-1} T^{-i}\xi = \bigvee_{i=0}^{n-2} T^{-i}\xi \vee T^{-(n-1)}\xi$ 比 $\displaystyle\bigvee_{i=0}^{n-2} T^{-i}\xi$ 恰多出两个区间, 故

$$\# \bigvee_{i=0}^{n-1} T^{-i}\xi = 2n.$$

所以

$$h_m(T) = h_m(T, \xi) = \lim_{n \to \infty} \frac{1}{n} H \left( \bigvee_{i=0}^{n-1} T^{-i}\xi \right) \leqslant \lim_{n \to \infty} \frac{\ln 2n}{n} = 0. \qquad \square$$

## §4.2  绝对连续测度的熵的一种描述

设 $M$ 为紧致光滑流形, 设 $g: M \to M$ 是 $C^1$ 微分同胚保持 Borel 概率测度 $\mu$. 进一步假设 $\mu$ 绝对连续于 Lebesgue 测度 $\nu$, 记成 $\mu \ll \nu$, 即对 Borel 可测集合 $B \in \mathcal{B}(M)$ 有

$$\nu(B) = 0 \implies \mu(B) = 0,$$

其中 $\mathcal{B}(M)$ 指 $M$ 上的 Borel $\sigma$ 代数. 我们不要求 $g$ 保持 Lebesgue 测度 $\nu$. 记 $L^1(\mu)$ 为对 $\mu$ 可积函数就 $L^1$ 模组成的 Banach 空间. 根据 Radon-Nikodym 定理[3], $\mu \ll \nu$ 等价于存在函数 $\phi \in L^1(\nu)$, $\phi \geqslant 0$, $\int \phi \, d\nu = 1$ 满足

$$\mu(B) = \int_B \phi \, d\nu, \quad \forall B \in \mathcal{B}(M).$$

这里 $\phi$ 是唯一确定的, 即满足

$$\mu(B) = \int_B \psi \, \mathrm{d}\nu, \quad \forall B \in \mathcal{B}(M)$$

的函数 $\psi$ 必满足 $\phi(x) = \psi(x)$, $\mu - \text{a.e.} \, x \in M$. 记 $\phi = \dfrac{\mathrm{d}\mu}{\mathrm{d}\nu}$ 并称为 $\mu$ 对 $\nu$ 的 Radon-Nikodym 导数.

本节讨论这种绝对连续于 Lebesgue 测度的概率系统 $(M, g, \mu)$, 我们将给出测度熵的一种描述.

设 $\rho: M \to (0,1)$ 是一个可测函数. 对 $x \in M$, $n \geqslant 0$, 令

$$S_n(g, \rho, x) = \{y \in M \mid d(g^i x, g^i y) < \rho(g^i x), \, 0 \leqslant i \leqslant n-1\},$$

则

$$S_n(g, \rho, x) = \bigcap_{i=0}^{n-1} g^{-i} B(g^i x, \rho(g^i x)),$$

其中 $B(y, \delta) = \{z \in M \mid d(y, z) < \delta\}$. 令

$$h_\mu(g, \rho, x) = -\limsup_{n \to \infty} \frac{1}{n} \ln \mu(S_n(g, \rho, x)).$$

我们注意, 任意 Borel 概率测度 $m$ 无论是否不变测度均可以定义 $h_m(g, \rho, x)$.

**命题 4.2.1**　设紧流形上的同胚 $g: M \to M$ 保持 Borel 概率测度 $\mu$, 设函数 $\rho: M \to (0,1)$ 可测且 $\ln \rho \in L^1(\mu)$. 如果 $\mu$ 绝对连续于 Lebesgue 测度 $\nu$, 即 $\mu \ll \nu$, 则

$$h_\mu(g) \geqslant \int_M h_\nu(g, \rho, x) \, \mathrm{d}\mu(x).$$

证明命题之前我们准备几个引理:

**引理 4.2.2**　设 $\{x_n\}_{n \geqslant 1}$ 是一个正数列使得级数 $\sum\limits_{n=1}^{\infty} n x_n$ 收敛, 则 $\sum\limits_{n=1}^{\infty} x_n \ln \dfrac{1}{x_n}$ 也收敛.

证明　令
$$S = \left\{ n \geqslant 1 \,\middle|\, \ln \frac{1}{x_n} < n \right\}.$$

则当 $n$ 不属于 $S$ 时, 有 $x_n \leqslant \mathrm{e}^{-n}$. 故

$$\sum_{n=1}^{\infty} x_n \ln \frac{1}{x_n} = \sum_{n \in S} x_n \ln \frac{1}{x_n} + \sum_{n \in \mathbb{N} \backslash S} x_n \ln \frac{1}{x_n} \leqslant \sum_{n=1}^{\infty} n x_n + \sum_{n \in \mathbb{N} \backslash S} x_n \ln \frac{1}{x_n}.$$

因为一元函数

$$a(t) = \sqrt{t} \ln \frac{1}{t}, \quad t > 0$$

具有最大值 $2\mathrm{e}^{-1}$, 所以有

$$\sum_{n \in \mathbb{N} \backslash S} x_n \ln \frac{1}{x_n} = \sum_{n \in \mathbb{N} \backslash S} \sqrt{x_n} \sqrt{x_n} \ln \frac{1}{x_n} \leqslant \frac{2}{\mathrm{e}} \sum_{n \in \mathbb{N} \backslash S} \sqrt{x_n} \leqslant \sum_{n \in \mathbb{N} \backslash S} \mathrm{e}^{-\frac{n}{2}} < \infty.$$

故 $\displaystyle\sum_{n=1}^{\infty} x_n \ln \frac{1}{x_n}$ 收敛. □

**引理 4.2.3**　设 $x_1, \cdots, x_m$ 为正数列, 则

$$-\sum_{i=1}^{m} x_i \ln x_i \leqslant \left( \ln m - \ln \sum_{i=1}^{m} x_i \right) \sum_{i=1}^{m} x_i.$$

**证明**　定义函数 $\phi(x) = x \ln x$, $\forall x > 0$. 根据引理 4.1.4 有

$$\begin{aligned}
-\sum_{i=1}^{m} x_i \ln x_i &= -\sum_{i=1}^{m} \phi(x_i) \\
&= -m \sum_{i=1}^{m} \frac{1}{m} \phi(x_i) \\
&\leqslant -m \phi\left( \frac{1}{m} \sum_{i=1}^{m} x_i \right) \\
&= -m \frac{1}{m} \left( \sum_{i=1}^{m} x_i \right) \ln \left( \frac{1}{m} \sum_{i=1}^{m} x_i \right) \\
&= \left( \sum_{i=1}^{m} x_i \right) \left( \ln m - \ln \sum_{i=1}^{m} x_i \right).
\end{aligned}$$

□

**引理 4.2.4**　设函数 $\rho: M \to (0,1)$ 可测使得 $\ln \rho \in L^1(\mu)$, 则存在 $M$ 的可测且元素个数可数的分解 $\Gamma$, 使得 $\operatorname{diam} \Gamma(x) < \rho(x), \mu - \text{a.e.} \, x$, 其中 $\Gamma(x)$ 指 $\Gamma$ 中含有 x 的那个元素, 且熵 $H(\Gamma)$ 有限.

**注 4.2.5**　可数可测分解 $\Gamma$ 的熵 $H(\Gamma)$ 可以有限也可以是无限的. 当 $\Gamma$ 有限时, $H(\Gamma)$ 自然有限.

**证明**　存在 $C > 0$ 和 $r_0 > 0$ 具有如下性质: 对 $0 < r < r_0$ 存在 $M$ 的可测分解 $\Gamma_r$ 使得其每个元素的直径小于 $r$ 且其基数 $N(r)$ 满足

$$N(r) < C \left(\frac{1}{r}\right)^{\dim M}.$$

这样的可测分解总是存在的 (思考题).

记

$$U_n = \{x \in M \mid \mathrm{e}^{-(n+1)} < \rho(x) \leqslant \mathrm{e}^{-n}\}, \quad n \in \mathbb{N},$$

则有

$$\int_{U_n} \ln \rho \, \mathrm{d}\mu < -n\mu(U_n),$$

对 $n$ 做和得

$$\int \ln \rho \, \mathrm{d}\mu < -\sum_{n=1}^{\infty} n\mu(U_n),$$

亦即

$$\sum_{n=1}^{\infty} n\mu(U_n) < -\int \ln \rho \, \mathrm{d}\mu.$$

因 $\ln \rho$ 可积则 $\displaystyle\sum_{n=1}^{\infty} n\mu(U_n)$ 收敛, 根据引理 4.2.2 知

$$\sum_{n=1}^{\infty} \mu(U_n) \ln \frac{1}{\mu(U_n)}$$

亦收敛.

定义一个分解 $\Gamma$, 其元素形如

$$Q \cap U_n,$$

其中 $Q \in \Gamma_{r_n}, r_n = \mathrm{e}^{-(n+1)}, n \geqslant 0$. 分解 $\Gamma$ 的元素个数是可数无限多. $\Gamma$ 的熵为

$$H(\Gamma) = \sum_{n=1}^{\infty} \left( - \sum_{P \in \Gamma_{r_n}, P \subset U_n} \mu(P) \ln \mu(P) \right).$$

根据引理 4.2.3 有

$$
\begin{aligned}
H(\Gamma) &\leqslant \sum_{n=1}^{\infty} \left[ \sum_{P \in \Gamma_{r_n}, P \subseteq U_n} \mu(P) \right] \left[ \ln N(r_n) - \ln \sum_{P \in \Gamma_{r_n}, P \subset U_n} \mu(P) \right] \\
&= \sum_{n=1}^{\infty} \mu(U_n)[\ln N(r_n) - \ln \mu(U_n)] \\
&\leqslant \sum_{n=1}^{\infty} \mu(U_n) \left[ \ln C + \dim M \ln \frac{1}{r_n} - \ln \mu(U_n) \right] \\
&= \ln C + \dim M \sum_{n=1}^{\infty} (n+1)\mu(U_n) + \sum_{n=1}^{\infty} \mu(U_n) \ln \frac{1}{\mu(U_n)} < \infty
\end{aligned}
$$

(两个级数都收敛).

另一方面, 当 $x \in U_n$ 时取 $\Gamma_{r_n}$ 中包含 $x$ 的元素 $\Gamma(x)$, 则有

$$\mathrm{diam}\Gamma(x) \leqslant r_n = \mathrm{e}^{-(n+1)} < \rho(x).$$

这说明

$$\mathrm{diam}\Gamma(x) < \rho(x), \quad \mu - \mathrm{a.e.} \ x \in M. \qquad \square$$

我们引用下面的 Lebesgue 定理[3]:

**定理 4.2.6** 设 $A \subset \mathbb{R}^n$ 是 Borel 集合. 设函数 $\phi: A \to \mathbb{R}$ 是关于 Lebesgue 测度 $\nu$ 可积的. 则

$$\lim_{r \to 0} \frac{\displaystyle\int_{B_r(x)} \phi \, \mathrm{d}\nu}{\nu(B_r(x))} = \phi(x), \quad \nu - \mathrm{a.e.} \ x \in A,$$

其中 $B_r(x) = \{y \in \mathbb{R}^n \mid d(x, y) < r\}$.

**命题 4.2.1 的证明** 取引理 4.2.4 中的可测分解 $\Gamma$ 并记 $\Gamma_n(x)$ 为分解

$$\bigvee_{i=0}^{n-1} g^{-i}(\Gamma)$$

中包含 $x$ 的元素. 由 Shannon 定理[17] 有

$$h_\mu(g) \geqslant h_\mu(g, \Gamma) = \int \lim_{n \to +\infty} -\frac{1}{n} \ln \mu(\Gamma_n(x)) \, \mathrm{d}\mu(x).$$

我们只需证明被积分函数满足

$$\lim_{n \to \infty} -\frac{1}{n} \ln \mu(\Gamma_n(x)) \geqslant h_\nu(g, \rho, x), \quad \mu - \text{a.e. } x \in M.$$

因 $\mu \ll \nu$ 及定理 4.2.6, 下列极限对 $\nu - \text{a.e.} x \in M$ 都存在

$$\lim_{n \to \infty} \frac{\mu(\Gamma_n(x))}{\nu(\Gamma_n(x))} = \lim_{n \to \infty} \frac{\displaystyle\int_{\Gamma_n(x)} \left(\frac{\mathrm{d}\mu}{\mathrm{d}\nu}\right) \mathrm{d}\nu}{\nu(\Gamma_n(x))}.$$

于是得

$$-\lim_{n \to \infty} \frac{1}{n} \ln \mu(\Gamma_n(x)) = -\lim_{n \to \infty} \frac{1}{n} \ln \nu(\Gamma_n(x)), \quad \nu - \text{a.e.} \quad x \in M.$$

因为 $\mu \ll \nu$, 这个等式对于 $\mu - \text{a.e.} x \in M$ 也成立. 由引理 4.2.4 知

$$\mathrm{diam} \Gamma(x) < \rho(x), \quad \mu - \text{a.e. } x,$$

这意味着

$$\Gamma_n(x) \subseteq S_n(g, \rho, x), \quad \mu - \text{a.e. } x \in M,$$

$$-\lim_{n \to \infty} \frac{1}{n} \ln \mu(\Gamma_n(x)) \geqslant h_\nu(g, \rho, x), \quad \mu - \text{a.e. } x \in M.$$

命题得证. □

## §4.3 Ruelle 不等式

看一个简单例子:

**例 4.3.1** 设 $f\colon M \to M$ 是紧流形上的 $C^1$ 微分同胚具有一个双曲不动点 $p$. 这里 $p$ 双曲指切映射 $D_p f$ 的特征值的模均不为 1, 且 $D_p f$ 既有模大于 1 的也有模小于 1 的特征值. 记 $m = \delta_p$ 为原子测度, 则 $m$ 有正的和负的 Lyapunov 指数且没有 0 指数. $m$ 的测度熵为 0. 于是测度熵小于正的 Lyapunov 指数之和 (重指数按重数记), 即

$$h_m(f) = 0 < \sum_{\lambda > 0} \lambda.$$

设 $f$ 保持 Borel 概率测度 $m$, 根据 Oseledets 定理几乎所有点处 Lyapunov 指数存在. 下面定理揭示测度熵和 Lyapunov 指数的一般关系式.

**定理 4.3.2 (Ruelle)** 设 $f\colon M \to M$ 是紧光滑流形 $M$ 上的 $C^1$ 微分同胚保持 Borel 概率测度 $m$, 则

$$h_m(f) \leqslant \int \sum_{\lambda_i(x) > 0} \lambda_i(x)\, \mathrm{d}m,$$

其中 $\displaystyle\sum_{\lambda_i(x) > 0} \lambda_i(x)$ 为 $x$ 点的所有正 Lyapunov 指数之和 (重指数按重数记).

例子 4.3.1 说明, 定理中的等式一般不成立. 本章将指出, 当 $m$ 绝对连续于 Lebesgue 测度且 $f$ 有更高的可微分条件时等式能够成立.

在证明定理之前, 我们解释一下证明的思路和关键点.

设 $\xi$ 为 $M$ 的分解, 每个元素均为 Borel 可测集. 和 $f$ 一样 $f^{-1}$ 也保持测度 $m$ (思考题), 进而

$$H\left(\bigvee_{i=0}^{n-1} f^{-i}\xi\right) = H\left(\bigvee_{i=0}^{n-1} f^i\xi\right).$$

于是

$$
\begin{aligned}
h_m(f,\xi) &= \lim_{n\to\infty} H\left(\xi \,\middle|\, \bigvee_{i=1}^{n} f^i\xi\right) \quad \text{(参见文献 [17] 定理 3.2.1)} \\
&\leqslant H(\xi \mid f\xi) \\
&= \sum_{D\in\xi} m(fD)\left\{-\sum_{C\in\xi} \frac{m(fD\cap C)}{m(fD)} \ln \frac{m(fD\cap C)}{m(fD)}\right\} \\
&\leqslant \sum_{D\in\xi} m(D)\ln\#\left\{C\in\xi \mid C\cap fD\neq\emptyset\right\} \quad \text{(参见推论 4.1.5 ).}
\end{aligned}
$$

对 $m-\text{a.e.}\ x\in M$, 记 $\xi_n(x)$ 为分解

$$
\xi_n = \bigvee_{i=0}^{n-1} f^{-i}\xi
$$

中包含 $x$ 的元素. 数字

$$
\#\{P\in\xi_n \mid P\cap f(\xi_n(x))\neq\emptyset\}
$$

表述 $\xi_n(x)$ 经 $f$ 映射后与分解 $\xi_n$ 中多少个元素相交. 形象地讲, $f$ 的 "扩张性" 越强则这个数字越大. 这个数字从上方控制 $(M,f,m)$ 的测度熵 (参见上面推导) 又联系着 $(M,f,m)$ 的扩张性, 此扩张性由正 Lyapunov 指数之和表述. 于是, 这个数字建立了测度熵和正 Lyapunov 指数之和的联系, 将是证明的关键点.

**定理 4.3.2 的证明**　我们分六步完成定理证明.

**第一步**　将问题归在欧氏空间内.

取正整数 $\ell$ 和开集 $U$ 将流形 $M$ 嵌入 $\mathbb{R}^\ell$, 即

$$
M\subset U\subset\mathbb{R}^\ell.
$$

取到像集合的 $C^1$ 微分同胚

$$
f_0\colon U\to f_0(U)\subset U,
$$

使得 $f_0\,|_M = f$ 且

$$
(D_xf_0)(T_xM)^\perp = (T_{f(x)}M)^\perp, \quad \|D_xf_0\,|_{(T_xM)^\perp}\| \leqslant \frac{1}{2}, \quad \forall x\in M.
$$

由微分拓扑的管状邻域定理, 这样的 $f_0$ 是存在的.

一般地, 我们考虑集合

$$\mathcal{D} = \left\{ g \colon U \to g(U) \subset U \,\middle|\, (D_x g)(T_x M)^{\perp} = (T_{g(x)} M)^{\perp}, \; g \text{ 保持测度} \right.$$
$$\left. m \text{ 且 } \|D_x g \mid_{(T_x M)^{\perp}}\| \leqslant \frac{1}{2}, \; \forall x \in M \right\}.$$

对于 $n \geqslant 1$ 令

$$\mathcal{P}_n = \left\{ \left( \frac{q_1}{n}, \frac{q_1 + 1}{n} \right) \overbrace{\times \cdots \times}^{\ell} \left( \frac{q_\ell}{n}, \frac{q_\ell + 1}{n} \right) \,\middle|\, q_1, \cdots, q_\ell \text{ 为整数} \right\}.$$

不失一般性我们设 (思考题: 总存在直径小于给定尺寸且边界的 $m$ 测度为零的分解)

$$m(\partial \mathcal{P}_n \cap M) = 0.$$

于是 $\mathcal{P}_n$ 为 $\mathbb{R}^\ell$ 的 $m$ 边界测度为零的可测分解, $\forall n \in \mathbb{N}$.

**第二步** 对 $g \in \mathcal{D}$ 和 $x \in \mathbb{R}^\ell \cap M$ 令

$$V_{g,n}(x) = \#\{ P \in \mathcal{P}_n \mid g\mathcal{P}_n(x) \cap P \neq \emptyset \},$$
$$V_g(x) = \limsup_{n \to +\infty} V_{g,n}(x),$$

其中 $\mathcal{P}_n(x)$ 指 $\mathcal{P}_n$ 中包含 $x$ 的那个元素. 我们将估计 $V_g(x)$, 见如下引理:

**引理 4.3.3** 记 $Q_0 = [-1, 1] \overbrace{\times \cdots \times}^{\ell} [-1, 1]$. 我们有

$$V_g(x) \leqslant \sup_{y} \#\{ P \in \mathcal{P}_1 \mid (y + (D_x g)Q_0) \cap P \neq \emptyset \}.$$

**证明** (1) 为映射 $g \colon U \to U$ 建立一个提升映射.

考虑线性同胚

$$\phi_n \colon \mathbb{R}^\ell \to \mathbb{R}^\ell, \qquad \phi_n(y) = \frac{y}{n} + x.$$

记

$$U_n = \phi_n^{-1}(U), \quad g_n = \phi_n^{-1} \circ g \circ \phi_n.$$

则
$$\phi_n \circ g_n = g \circ \phi_n,$$

即下面图解交换

$$
\begin{array}{ccc}
U_n & \xrightarrow{g_n} & U_n \\
\phi_n \downarrow & & \downarrow \phi_n \\
U & \xrightarrow{g} & U.
\end{array}
$$

据此对于 $P \in \mathcal{P}_n$ 有

$$g(\mathcal{P}_n(x)) \cap P \neq \emptyset \iff g_n \phi_n^{-1} \mathcal{P}_n(x) \cap \phi_n^{-1}(P) \neq \emptyset.$$

这样, 我们为 $g \colon U \to U$ 建立了一个提升映射 $g_n \colon U_n \to U_n$.

(2) 讨论 $g$ 与 $g_n$ 的关系进而讨论 $g_n$ 的表达式. 为此, 在 $x$ 点将 $g$ 展开为

$$g(w) = g(x) + (D_x g)(w - x) + p(w),$$

其中余项 $p(w)$ 满足

$$\lim_{w \to x} \frac{\|p(w)\|}{\|w - x\|} = 0.$$

则 $g_n$ 在 $x$ 点的展开式为

$$
\begin{aligned}
g_n(w) &= \phi_n^{-1}(g \circ \phi_n w) \\
&= n(g \circ \phi_n w - x) \\
&= n\left( g(x) + (D_x g)\left(\frac{w}{n} + x - x\right) + p\left(\frac{w}{n} + x\right) - x \right) \\
&= (D_x g)(w) + np\left(\frac{w}{n} + x\right) + n(g(x) - x).
\end{aligned}
$$

于是

$$g_n = D_x g + q_n + \alpha_n,$$

其中

$$q_n = np\left(\frac{w}{n} + x\right) = \frac{p\left(\dfrac{w}{n} + x\right)}{\left(\dfrac{w}{n} + x\right) - x} w \to 0 \quad \left(\frac{w}{n} + x \to x\right),$$

$$\alpha_n = n(g(x) - x).$$

这里我们指出

$$\frac{w}{n} + x \to x \Longleftrightarrow n \to \infty.$$

(3) 完成估计.

设 $P \in \mathcal{P}_n$, 则 $\phi_n^{-1}(P)$ "移动某个位置" $y_0 \in \mathbb{R}^\ell$ 后成为 $\mathcal{P}_1$ 的元素, 即

$$\phi_n^{-1}(P) + y_0 \in \mathcal{P}_1.$$

再注意到 $\phi_n^{-1}\mathcal{P}_n(x) \subset Q_0$, 则有

$$\begin{aligned}
V_{g,n}(x) &= \#\{P \in \mathcal{P}_n \mid g\mathcal{P}_n(x) \cap P \neq \emptyset\} \\
&= \#\{P \in \mathcal{P}_n \mid g_n(\phi_n^{-1}\mathcal{P}_n(x)) \cap \phi_n^{-1}(P) \neq \emptyset\} \\
&\leqslant \#\{P \in \mathcal{P}_1 \mid g_n(Q_0) \cap (P - y_0) \neq \emptyset\} \\
&= \#\{P \in \mathcal{P}_1 \mid [(D_x g + q_n)Q_0 + \alpha_n + y_0] \cap P \neq \emptyset\} \\
&\leqslant \sup_y \#\{P \in \mathcal{P}_1 \mid [(D_x g + q_n)Q_0 + y] \cap P \neq \emptyset\} \\
&\quad (\text{因 } \alpha_n \text{ 与变元 } w \text{ 无关}).
\end{aligned}$$

注意 $q_n \to 0$. 令 $n \to \infty$ 取极限有

$$V_g(x) \leqslant \sup_y \#\{P \in \mathcal{P}_1 \mid [(D_x g)Q_0 + y] \cap P \neq \emptyset\}.$$

至此, 引理证毕.

由引理并注意 $Q_0$ 的取法以及 $M$ 紧致, 存在 $L > 0$ 使

$$V_g(x) \leqslant L \sup_{z \in M} \|D_z g\|^\ell.$$

不妨取 $L = 1$ (思考题), 即

$$V_g(x) \leqslant C(g) := \sup_{z \in M} \|D_z g\|^\ell.$$

**第三步**　$h_m(g \mid_M) \leqslant \displaystyle\int_M \ln V_g \, \mathrm{d}m.$

由于分解 $\mathcal{P}_n$ 的直径随着 $n$ 增大趋于 $0$, 由于 $g$ 和 $g^{-1}$ 均保持测度 $m$, 则有

$$
\begin{aligned}
h_m(g\,|_M) &= \lim_{n\to+\infty} h_m(g\,|_M,\ \mathcal{P}_n\,|_M) \\
&= \lim_{n\to+\infty}\left(\lim_{k\to+\infty} H\left(\mathcal{P}_n\ \middle|\ \bigvee_{i=1}^{k} g^i\mathcal{P}_n\right)\right).
\end{aligned}
\tag{4.1}
$$

因为

$$
\begin{aligned}
& H(\mathcal{P}_n \mid g(\mathcal{P}_n)) \\
&= \sum_{A\in\mathcal{P}_n} m(g(A))\left(-\sum_{P\in\mathcal{P}_n} \frac{m(P\cap g(A))}{m(g(A))}\ln\frac{m(P\cap g(A))}{m(g(A))}\right) \\
&= \sum_{A\in\mathcal{P}_n} m(A)\left(-\sum_{P\in\mathcal{P}_n,\,g(A)\cap P\neq\emptyset} \frac{m(P\cap g(A))}{m(g(A))}\ln\frac{m(P\cap g(A))}{m(g(A))}\right) \\
&\leqslant \sum_{A\in\mathcal{P}_n} m(A)\ln\#\{P\in\mathcal{P}_n \mid g(A)\cap P\neq\emptyset\} \\
&= \sum_{A\in\mathcal{P}_n} m(A)\ln V_{g,n} \\
&= \int \ln V_{g,n}\,\mathrm{d}m,
\end{aligned}
$$

则有

$$
H\left(\mathcal{P}_n\ \middle|\ \bigvee_{i=1}^{k} g^i\mathcal{P}_n\right) \leqslant H(\mathcal{P}_n \mid g(\mathcal{P}_n)) \leqslant \int \ln V_{g,n}\mathrm{d}m.
$$

由 (4.1) 式有

$$
\begin{aligned}
h_m(g|_M) &\leqslant \limsup_{n\to+\infty} \int \ln V_{g,n}\,\mathrm{d}m \\
&= \int \limsup_{n\to+\infty}\ln V_{g,n}\,\mathrm{d}m \quad (\text{因 } V_g(x)\leqslant C(g)) \\
&= \int \ln V_g\,\mathrm{d}m.
\end{aligned}
$$

**第四步** $\displaystyle h_m(g|_M) \leqslant \int_M\left(\limsup_{n\to+\infty}\frac{1}{n}\ln V_{g^n}\right)\mathrm{d}m.$

事实上, 由第三步知

$$h_m(g|_M) = \frac{1}{n} h_m(g^n|_M) \leqslant \int_M \left( \frac{1}{n} \ln V_{g^n} \right) \mathrm{d}m,$$

又

$$\frac{1}{n} \ln V_{g^n}(x) \leqslant \frac{1}{n} \ln C(g)^n = \ln C(g),$$

故

$$h_m(g|_M) \leqslant \limsup_{n \to +\infty} \int_M \left( \frac{1}{n} \ln V_{g^n} \right) \mathrm{d}m$$
$$= \int_M \left( \limsup_{n \to +\infty} \frac{1}{n} \ln V_{g^n} \right) \mathrm{d}m.$$

至此看到, 欲完成证明只需证 $\displaystyle\limsup_{n \to +\infty} \frac{1}{n} \ln V_{f_0^n}(x) \leqslant \sum_{\lambda_i(x) > 0} \lambda_i(x).$

**第五步**　关于盒子个数的一个引理.

以正数 $a_1, \cdots, a_\ell$ 为边长的盒子是指集合

$$S = \left\{ x + \sum_{i=1}^{\ell} t_i u_i \,\middle|\, 0 \leqslant t_i \leqslant 1, \ \|u_i\| = a_i \right\}.$$

用 $\phi(a_1, \cdots, a_\ell)$ 表以 $a_1, \cdots, a_\ell$ 为边长的盒子交 $\mathcal{P}_1$ 中元素的最大个数.

**引理 4.3.4**　存在 $D > 0$ 满足 $\phi(a_1, \cdots, a_\ell) \leqslant D \displaystyle\prod_{a_i > 1} a_i.$

**证明**　因为

$$\phi(a_1, \cdots, a_{i-1}, na_i, a_{i+1}, \cdots, a_\ell) \leqslant n\phi(a_1, \cdots, a_\ell),$$

所以

$$\phi(a_1, \cdots, a_l) \leqslant \phi([a_1] + 1, \cdots, [a_\ell] + 1)$$
$$\leqslant \phi(1, \cdots, 1) \prod_i ([a_i] + 1)$$
$$= \phi(1, \cdots, 1) \prod_{a_i \geqslant 1} ([a_i] + 1)$$

$$\leqslant \phi(1, \cdots, 1) \prod_{a_i \geqslant 1} 2a_i$$

$$\leqslant 2^\ell \phi(1, \cdots, 1) \prod_{a_i > 1} a_i.$$

令 $D = 2^\ell \phi(1, \cdots, 1)$ 即可.

**第六步**  完成证明.

取 $x$ 属于 $m$ 的 Oseledects 吸引域, 即乘法遍历定理中 Lyapunov 指数存在的状态点集合. 用

$$E_1(x), \cdots, E_k(x)$$

表示 Lyapunov 指数对应的特征子空间, 则

$$\mathbb{R}^\ell = \overbrace{E_1(x) \oplus \cdots \oplus E_k(x)}^{T_x M} \oplus (T_x M)^\perp.$$

从 $E_i(x)$ 和 $(T_x M)^\perp$ 取向量形成 $\mathbb{R}^\ell$ 的一个基 (未必正交) $\{u_1, \cdots, u_\ell\}$, 并取 $\Omega$ 为一个盒子, 其边分别平行于 $u_1, \cdots, u_\ell$, 其边长分别为 $\|u_1\|, \cdots,$ $\|u_\ell\|$ 且满足 $\Omega \supset Q_0$. 这样的基 $u_1, \cdots, u_\ell$ 和盒子 $\Omega$ 必存在 (思考题), 则

$$
\begin{aligned}
V_{f_0^n}(x) &\leqslant \sup_y \#\{P \in \mathcal{P}_1 \mid [(D_x f_0^n)Q_0 + y] \cap P \neq \emptyset\} \quad \text{(引理 4.3.3)} \\
&\leqslant \sup_y \#\{P \in \mathcal{P}_1 \mid [(D_x f_0^n)\Omega + y] \cap P \neq \emptyset\} \\
&\leqslant D \prod_{\|D_x f_0^n(u_i)\| > 1} \|D_x f_0^n(u_i)\| \quad \text{(引理 4.3.4)} \\
&= D \prod_{\|D_x f^n(u_i)\| > 1} \|D_x f^n(u_i)\| \quad \text{(由第一步中 } f_0 \text{ 的取法,} \\
&\qquad\qquad\qquad\qquad\qquad\qquad\quad \text{此处 } u_i \notin (T_x M)^\perp).
\end{aligned}
$$

于是,

$$\limsup_{n \to +\infty} \frac{1}{n} \ln V_{f_0^n}(x) \leqslant \limsup_{n \to +\infty} \frac{1}{n} \sum_{\|D_x f^n(u_i)\| > 1} \ln \|D_x f^n(u_i)\|$$

$$= \sum_{\lambda_i > 0} \lim_{n \to +\infty} \frac{1}{n} \ln \|D_x f^n(u_i)\|$$

$$= \sum_{\lambda_i(x) > 0} \lambda_i(x).$$

积分后即得

$$h_m(f) = h_m(f_0|_M) \leqslant \int \sum_{\lambda_i(x) > 0} \lambda_i(x) \, \mathrm{d}m(x). \qquad \square$$

## §4.4 图变换原理

### 4.4.1 空间夹角的一个量度、图、分散度

设 $E$ 是有限维的赋范线性空间, 是两个线性空间的直和

$$E = E_1 \oplus E_2.$$

记 $\gamma(E_1, E_2)$ 为投射

$$\pi_1 \colon E \to E_1, \quad \pi_2 \colon E \to E_2$$

的最大模. 这是关于 $E_1$ 和 $E_2$ 间的夹角的一个量.

我们解释一下这个量 $\gamma(E_1, E_2)$. 设 $\dim E_1 = \dim E_2 = 1$, 并记 $\alpha = \angle(E_1, E_2)$, 设 $\gamma(E_1, E_2) = \|\pi_2\|$, 如图 4.1 所示. 则 $\cos\left(\dfrac{\pi}{2} - \alpha\right) = \dfrac{1}{\|\pi_2\|}$, 进而

$$\gamma(E_1, E_2) = \frac{1}{\sin \alpha}.$$

据此,

$$\angle(E_1, E_2) \to 0 \quad \text{意味着} \quad \gamma(E_1, E_2) \to +\infty.$$

称集合 $G \subset E$ 为 $(E_1, E_2)$-**图**, 如果存在开集 $U \subset E_2$ 和 $C^1$ 映射 $\phi \colon U \to E_1$, 使得

$$G = \{x + \phi(x) \mid x \in U\}.$$

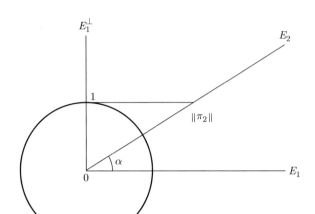

**图 4.1**　超平面夹角的量度 $\gamma(E_1, E_2)$

定义 $G$ 的**分散度 (dispersion)** 为

$$\sup \left\{ \frac{\|\phi(x) - \phi(y)\|}{\|x - y\|} \,\middle|\, x, y \in U \right\}.$$

如果映射 $\phi$ 是 Lipchitz 的, 即存在常数 $L$ 满足

$$\|\phi(x) - \phi(y)\| \leqslant L\|x - y\|, \quad \forall x, y \in U,$$

则分散度小于等于 Lipchitz 常数 $L$. 当 $\dim E_1 = \dim E_2 = 1$ 的情形, $G$ 的分散度表示割线斜率的最大值, 如图 4.2 所示.

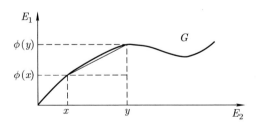

**图 4.2**　图和分散度

### 4.4.2　图变换原理

下面的引理叫作图变换原理, 为微分同胚确立充分条件使之将图映射成图且不增加分散度. 这个原理在下一节的 Pesin 等式证明中有重要应用.

**引理 4.4.1**　设 $\lambda > \beta > 0, \alpha > 0, c > 0$. 则存在 $\delta > 0$ 满足如下性质:

设有限维赋范线性空间 $E$ 有直和分解 $E = E_1 \oplus E_2$ 满足 $\gamma(E_1, E_2) \leqslant \alpha$. 设 $F$ 是 $B_r(0) \subset E$ 到另一个有限维赋范线性空间 $E'$ 的 $C^1$ 嵌入且满足:

(1) $D_0 F$ 是线性同构且 $\gamma((D_0 F)E_1, (D_0 F)E_2) \leqslant \alpha$;

(2) $\|D_0 F - D_x F\| \leqslant \delta, \ \forall x \in B_r(0)$;

(3) $m(D_0 F|_{E_2}) \geqslant \lambda \ \left(这里 \ m(A) = \dfrac{1}{\|A^{-1}\|}\right)$;

(4) $\|D_0 F|_{E_1}\| \leqslant \beta$.

则对任意分散度 $\leqslant c$ 的 $(E_1, E_2)$-图 $G \subset B_r(0)$, 它的像 $F(G)$ 是 $((D_0 F)E_1, (D_0 F)E_2)$-图满足分散度 $\leqslant c$.

**注 4.4.2**　我们对引理 4.4.1 做些解释:

(1) 根据定义 $\gamma(E_1, E_2)$ 和 $\gamma((D_0 F)E_1, (D_0 F)E_2)$ 均小于 $\alpha$ 指的是: 夹角不是很小的 $E_1, E_2$ 其像空间的夹角也不是很小. 这避免了随着 $D_0 F$ 迭代像空间夹角趋于 0 的极端困难情形.

(2) 条件要求映射 $F$ 的切映射 $D_0 F$ 具有类似于 "双曲" 的性质:

$$m(D_0 F|_{E_2}) > \lambda, \quad \|D_0 F|_{E_1}\| \leqslant \beta.$$

事实上当 $\lambda > 1 > \beta$ 时这些不等式和双曲的扩张性, 压缩性相吻合. 引理说这样的映射 $F$ 把图映射到图且不增大分散度.

**引理 4.4.1 的证明**　设 $U$ 是 $E_2$ 中包含 0 点的一个开集合, 设

$$G = \{v + \phi(v)|v \in U\}$$

为一个 $(E_1, E_2)$-图其分散度 $\leqslant c$, 这里 $\phi: U \to E_1$ 是 $C^1$ 映射. 令

$$F(x, y) = (Lx + p(x, y), \ Ty + q(x, y)),$$

其中 $L = (D_0F)|E_1, T = (D_0F)|E_2$. 由引理 4.4.1 中的 (1)(2) 知 $p(x, y)$
和 $q(x, y)$ 对 $x, y$ 的偏导数的模都小于或等于 $\delta\alpha$.

我们考虑图 $G$ 在 $F$ 映射的像

$$F(G) = \{(L\phi(v) + p(\phi(v), v),\, Tv + q(\phi(v), v)) \mid v \in U\}.$$

设

$$\Phi : U \to (D_0F)E_2, \quad \Phi(v) = Tv + q(\phi(v), v).$$

则有

$$\|\Phi(v) - \Phi(w)\|$$
$$= \|Tv - Tw + q(\phi(v), v) - q(\phi(w), w)\|$$
$$\geqslant \|Tv - Tw\| - \|q(\phi(v), v) - q(\phi(v), w)\| - \|q(\phi(v), w) - q(\phi(w), w)\|$$
$$\geqslant m(T)\|v - w\| - \delta\alpha(\|\phi(v) - \phi(w)\| + \|v - w\|)$$
$$\geqslant (m(T) - \delta\alpha(1 + c))\|v - w\|$$
$$\left(\text{因 } \sup\left\{\frac{\|\phi v - \phi w\|}{\|v - w\|} \,\middle|\, v, w \in U\right\} \leqslant c\right)$$
$$\geqslant (\lambda - \delta\alpha(1 + c))\|v - w\| \quad (\text{由 (3)})$$

如果 $0 < \delta < \lambda\alpha^{-1}(1 + c)^{-1}$, 则 $\lambda - \delta\alpha(1 + c) > 0$ 进而 $\Phi$ 是从 $U$ 到
$\Phi(U)$ 的同胚. $\Phi^{-1}$ 则是 Lipshitz 映射具有常数 $(\lambda - \delta\alpha(1 + c))^{-1}$.

定义

$$\psi : \Phi(U) \to (D_0F)E_1, \quad \psi(u) = (L\phi\Phi^{-1})(u) + p(\phi\Phi^{-1}(u), \Phi^{-1}(u)).$$

则容易验证

$$F(G) = \{u + \psi(u) \mid u \in \Phi(U)\},$$

即 $F$ 把 $(E_1, E_2)$-图 $\phi$ 变换成 $((D_0F)E_1, (D_0F)E_2)$-图 $\psi$, 如图 4.3 所
示.

但 $\psi$ 可以表示成

$$\psi = \widetilde{\psi}\Phi^{-1},$$

其中

$$\widetilde{\psi}(v) = L\phi(v) + p(\phi(v), v).$$

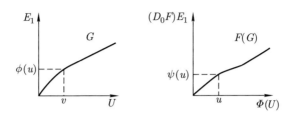

图 4.3    图变换

则我们有

$$
\begin{aligned}
\|\widetilde{\psi}(v) - \widetilde{\psi}(w)\| &= \|L\phi(v) - L\phi(w) + p(\phi(v), v) - p(\phi(w), w)\| \\
&\leqslant \|L\phi(v) - L\phi(w)\| + \|p(\phi(v), v) - p(\phi(v), w)\| + \\
&\quad \|p(\phi(v), w) - p(\phi(w), w)\| \\
&\leqslant \|L\|\|\phi(v) - \phi(w)\| + \delta\alpha(\|\phi(v) - \phi(w)\| + \|v - w\|) \\
&\leqslant (c\|L\| + \delta\alpha(1 + c))\|v - w\| \quad (\text{由于 } \phi \text{ 的分散度 } \leqslant c) \\
&\leqslant (c\beta + \delta\alpha(1 + c))\|v - w\| \quad (\text{由引理 4.4.1 中的 (4)}).
\end{aligned}
$$

这说明 $\widetilde{\psi}$ 是 Lipshitz 的, 其常数为

$$
c\beta + \delta\alpha(1 + c).
$$

于是 $\psi$ 的分散度小于等于 $\widetilde{\psi}\Phi^{-1}$ 的 Lipchitz 常数

$$
c\frac{\beta + \delta\alpha(1 + c)/c}{\lambda - \delta\alpha(1 + c)}.
$$

取 $\delta$ 充分小使得

$$
\frac{\beta + \delta\alpha(1 + c)/c}{\lambda - \delta\alpha(1 + c)} < 1,
$$

则 $F(G)$ 的分散度亦即 $\psi$ 的分散度小于等于 $c$. 引理证毕.    □

## §4.5　Pesin 等式

### 4.5.1　定理陈述

**定义 4.5.1**　设 $M$ 为紧致光滑 Riemann 流形, 设 $\alpha > 0$ 为常数. 称 $f: M \longrightarrow M$ 为 $C^{1+\alpha}$ 微分同胚, 如果 $f$ 为 $C^1$ 的微分同胚且切映射 $x \to D_x f$ 是 $\alpha$-Hölder 连续的, 即存在常数 $C_0 > 0$, 使得

$$\|D_x f - D_y f\| \leqslant C_0 \, d(x, y)^{\alpha}, \quad \forall x, y \in M.$$

**定理 4.5.2 (Pesin)**　设 $M$ 是紧致光滑 Riemann 流形, 设 $f: M \to M$ 是 $C^{1+\alpha}$ 微分同胚保持绝对连续于 Lebesgue 测度的 Borel 概率测度 $\mu$ ($\mu \ll$ Lebesgue 测度 $\nu$), 则

$$h_{\mu}(f) = \int \chi(x) \mathrm{d}\mu,$$

其中 $\chi(x)$ 为 $x$ 点的所有正 Lyapunov 指数之和 (重指数按重数记), $\mu -$ a.e. $x \in M$.

**注 4.5.3**　当 $\mu \ll \nu$ 时, 根据命题 4.2.1 有

$$h_{\mu}(f) \geqslant \int_M h_{\nu}(f, \rho, x) \, \mathrm{d}\mu(x).$$

利用 Lebesgue 测度的特殊性质, 将证明上式右端大于或者等于 $\int \chi(x) \mathrm{d}\mu$, 进而得到

$$h_{\mu}(f) \geqslant \int \chi(x) \mathrm{d}\mu.$$

反向不等式由 Ruelle 公式得到.

**注 4.5.4**　我们指出, 从 $C^{1+\alpha}$ 条件能推出下面的不等式:

$$\|D_x f^n - D_y f^n\| \leqslant C^n d(x, y)^{\alpha}, \quad \forall x, y \in M, \ \forall n \geqslant 1$$

对某个常数 $C > 0$ 成立.

事实上, 由 $C^{1+\alpha}$ 条件存在常数 $C_0$ 使得

$$\|D_x f - D_y f\| \leqslant C_0 \, d(x, y)^{\alpha}, \quad \forall x, y \in M.$$

取 $A > 0$ 使得

$$\|D_x f\| \leqslant A, \quad x \in M,$$

进而

$$d(f(x), f(y)) \leqslant A\, d(x, y), \quad \forall x, y \in M.$$

取 $C > C_0$, 满足

$$C \geqslant A + C_0 \left(\frac{A^{\alpha+1}}{C}\right)^n, \quad \forall n \geqslant 0.$$

对此 $C$ 我们验证不等式.

当 $n = 1$ 时, 由于 $C \geqslant C_0$, 不等式已经成立. 现在设不等式对 $1 \leqslant n \leqslant m$ 都成立. 则

$$\|D_x f^{m+1} - D_y f^{m+1}\|$$
$$= \|D_{f^m(x)} f D_x f^m - D_{f^m(y)} f D_y f^m\|$$
$$\leqslant \|D_{f^m(x)} f D_x f^m - D_{f^m(x)} f D_y f^m\| + \|D_{f^m(x)} f D_y f^m - D_{f^m(y)} f D_y f^m\|$$
$$\leqslant A\|D_x f^m - D_y f^m\| + \|D_{f^m(x)} f - D_{f^m(y)} f\| \|D_y f^m\|$$
$$\leqslant A\|D_x f^m - D_y f^m\| + A^m \|D_{f^m(x)} f - D_{f^m(y)} f\|$$
$$\leqslant A C^m d(x, y)^\alpha + C_0 A^m d(f^m(x), f^m(y))^\alpha$$
$$\leqslant A C^m d(x, y)^\alpha + C_0 A^{m(\alpha+1)} d(x, y)^\alpha$$
$$= [A C^m + C_0 A^{m(\alpha+1)}] d(x, y)^\alpha$$
$$= C^m \left(A + C_0 \left(\frac{A^{\alpha+1}}{C}\right)^m\right) d(x, y)^\alpha$$
$$\leqslant C^{m+1} d(x, y)^\alpha.$$

由归纳原理, 不等式得证.

**注 4.5.5**   对 $x \in M$ 和 $\delta > 0$ 记

$$r_n(x, \delta) = \sup\{r > 0 \,|\, \sup_{y \in B_r(x)} \|D_x f^n - D_y f^n\| < \delta\},$$

其中 $B_r(x) = \{y \in M \,|\, d(x, y) < r\}$. 则 $C^{1+\alpha}$ 条件能推出下面的结论:

$$\liminf_{n \to \infty} \frac{1}{n} \ln r_n(x, \delta)$$

有限.

事实上, 对任意给定的 $0 < \delta < 1$, 取 $0 < \tau(n) < 1$, 使得

$$C^n \tau(n)^\alpha = \delta, \quad n \in \mathbb{N},$$

其中 $C > 0$, 如注 4.5.4. 我们有

$$y \in B_{\tau(n)}(x) \Longrightarrow \|D_x f^n - D_y f^n\| \leqslant C^n \tau(n)^\alpha = \delta.$$

这意味着

$$r_n(x, \delta) \geqslant \tau(n) = \left( \frac{\delta}{C^n} \right)^{\frac{1}{\alpha}}.$$

进而

$$\frac{1}{n} \ln r_n(x, \delta) \geqslant \frac{1}{n} \ln \left( \frac{\delta}{C^n} \right)^{\frac{1}{\alpha}} \to \frac{1}{\alpha} \ln \frac{1}{C}.$$

为获得熵与正 Lyapunov 之和的等式, 测度 $\mu$ 某种程度的绝度连续的条件不可少, 但映射 $f$ 的正则性条件 $C^{1+\alpha}$ 可以用别的正则条件替代 (参见文献 [19]). Pesin 熵等式也可以在随机动力系统范畴建立 (参见文献 [13]).

### 4.5.2　Pesin 熵公式的证明

由 Ruelle 不等式,

$$h_\mu(f) \leqslant \int \chi(x) \mathrm{d}\mu.$$

欲完成定理证明, 只需证明不等式

$$h_\mu(f) \geqslant \int \chi(x) \mathrm{d}\mu.$$

我们分步完成证明.

**第一步**　由测度 $\mu$ 的 Lyapunov 指数与特征子丛确定图变换原理中的丛分解和常数 $\lambda > \beta > 0$, $\alpha > 0$, $c > 0$.

设 $x$ 为 $(f, \mu)$ 的正则点见 Oseledets 定理, 记

$$E^u(x) = \bigoplus_{\lambda_j(x) > 0} E_j(x)$$

为正 Lyapunov 指数对应特征空间直和,

$$E^0(x) = \bigoplus_{\lambda_j(x) \leqslant 0} E_j(x)$$

为非正的 Lyapunov 指数对应特征空间直和. 则

$$T_x M = E^0(x) \oplus E^u(x), \quad \mu - \text{a.e. } x \in M.$$

这是将在图变换原理讨论的丛分解.

令

$$\Sigma_j = \{x \mid \dim E^u(x) = j\}$$

及

$$S = \{j > 0 \mid \mu(\Sigma_j) > 0\}.$$

如果 $S = \emptyset$, 则 $\chi(x) = 0$, $\mu - \text{a.e. } x \in M$, 进而 Pesin 公式自然成立. 以下总设定 $S \neq \emptyset$.

对于 $j \in S$, 令 $\mu_j = \mu|_{\Sigma_j}$ 为条件测度. 由于

$$\mu = \sum_{j \in S} \mu(\Sigma_j) \mu_j$$

并注意熵的仿射性质 (参见文献 [17] 定理 6.3.1) 知,

$$h_\mu(f) = \sum_{j \in S} \mu(\Sigma_j) h_{\mu_j}(f).$$

因此只需证对任意 $j \in S$, 有

$$h_{\mu_j}(f) \geqslant \int \chi(x) \mathrm{d}\mu_j.$$

为简化不妨设

$$\mu = \mu_j, \quad \Sigma = \Sigma_j.$$

任意给定 $\varepsilon > 0$, 由 Oseledets 定理和 Ergorov 定理可知, 存在紧集 $K_0 \subseteq M$, 满足

$$\mu(K_0) > 1 - \frac{\varepsilon}{3},$$

使得子丛 $E^u(x)$ 和 $E^0(x)$ 以及分解 $T_xM = E^0(x) \oplus E^u(x)$ 均关于 $x \in K_0$ 连续, 且存在正整数 $N_0$ 和常数 $\lambda > \beta > 0$ 使得对任意的 $N \geqslant N_0$, $x \in K_0$, $n \geqslant 1$ 有:

(1) $m(D_x f^{nN}|_{E^u(x)}) \geqslant \lambda^n$;

(2) $\|D_x f^{nN}|_{E^0(x)}\| \leqslant \beta^n$;

(3) $\ln|\det(D_x f^{nN})|_{E^u(x)}| \geqslant nN(\chi(x) - \varepsilon)$.

我们以 (1) 为例给出证明, (2)(3) 的证明留给读者.

对 $x \in \Sigma$, 有

$$\lim_{k \to +\infty} \frac{1}{k} \ln m(Df^k|_{E^u(x)}) = \lim_{k \to +\infty} \frac{1}{k} \ln \|Df^k|_{E^u(x)}\| \quad \text{(见习题 4).}$$

于是

$$\Sigma = \left\{ x \ \middle| \ \lim_{k \to +\infty} \frac{1}{k} \ln m(Df^k|_{E^u(x)}) > 0 \right\}$$
$$= \bigcup_{\ell \geqslant 1} \left\{ x \ \middle| \ \lim_{k \to +\infty} \frac{1}{k} \ln m(Df^k|_{E^u(x)}) > \frac{1}{\ell} \right\}$$

且 $\mu(\Sigma) = 1$. 对充分大的 $\ell$ 有

$$\mu \left( \left\{ x \ \middle| \ \lim_{k \to +\infty} \frac{1}{k} \ln m(Df^k|_{E^u(x)}) > \frac{1}{\ell} \right\} \right) > 1 - \frac{\varepsilon}{6}.$$

由 Egorov 定理存在紧集 $K_0$ 满足

$$\mu(K_0) > 1 - \frac{\varepsilon}{3},$$

使得在 $K_0$ 上极限一致收敛且大于 $\frac{1}{\ell}$, 即

$$\lim_{k \to +\infty} \frac{1}{k} \ln m(Df^k|_{E^u(x)}) > \frac{1}{\ell}.$$

于是存在 $N_0$, 使得

$$\frac{1}{k} \ln m(Df^k|_{E^u(x)}) > \frac{1}{2\ell},$$

亦即

$$m(Df^k|_{E^u(x)}) > e^{\frac{k}{2\ell}}, \quad \forall x \in K_0, \ k \geqslant N_0.$$

取 $N \geqslant N_0$ 和子列 $k = nN$, 其中 $n \geqslant 1$, 则有

$$m(Df^{nN}|_{E^u(x)}) > (\mathrm{e}^{\frac{N}{2\ell}})^n.$$

令

$$\lambda = \mathrm{e}^{\frac{N}{2\ell}} > 1,$$

得证第 (1) 条. 在验证 (2) 时得到常数 $\beta < 1$, 于是得到常数 $\lambda > \beta$. 在验证 (2) 和 (3) 时类似可取 $K_0$, 最后取这三个 $K_0$ 的交得到 (1)(2)(3) 公用的 $K_0$. 这样 $K_0$ 的存在性得到了验证. 同样 $N_0$ 的存在性可得到验证.

现在我们记

$$g = f^N.$$

取常数 $c > 0$ 和常数 $a > 0$ 均小于 1 满足下面的性质: 一旦两个点 $x \in K_0$, $y \in M$ 的距离小于 $a$, 即

$$d(x, y) < a,$$

则发散度小于等于 $c$ 的作为 $(E^0(x), E^u(x))$–图的每个线性子空间 $E \subseteq T_yM$ 满足

$$\big| \ln|\det(D_yg)|_E| - \ln|\det(D_xg)|_{E^u(x)}| \big| < \varepsilon. \tag{4.2}$$

当 $c$ 很小, $E$ "几近平行" 于 $E^u(x)$ 时, $Df$ 关于基点的连续性意味着不等式 (4.2). 故 $c > 0$ 和 $a > 0$ 的存在性能够保证. 如图 4.4 所示.

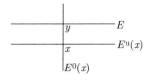

**图 4.4 Jacobi 行列式的连续性**

记

$$\alpha = \sup_{x \in K_0} \gamma(E^0(x), E^u(x)).$$

这是两个 Oseledets 子丛 $E^0$, $E^u$ 的夹角的量 $\gamma(E^0(x), E^u(x))$ 在 $K_0$ 的上确界. 丛 $E^0(x), E^u(x)$ 随 $x \in K_0$ 变化的连续性使得最大值存在.

这样我们确定了丛分解 $T_x M = E^0(x) \oplus E^u(x)$, $x \in K_0$ 和 4 个常数 $\lambda > \beta > 0, c > 0, \alpha > 0$. 针对这几个常数我们依据引理 4.4.1 取定常数

$$\delta = \delta(\lambda, \beta, c, \alpha) > 0.$$

**第二步** 确定图变换原理中的常数 $r > 0$ 和映射 $F$.

我们将选取大于 $N_0$ 的正整数 $m$ (待定) 并在 $K_0$ 的 $\mu$ 大测度子集 合 (待定) 上考虑映射 $F = f^m$. 根据第一步知图像变换原理的条件 (3) (4) 成立. 由第一步 $\alpha$ 在 $K_0$ 上取常值, 则 $r$ 的取法和原理中的 (1) 无 关. 于是只需根据原理中条件 (2) 选取 $r$ 和 $m$.

对 $x \in K_0, \tau > 0$, 记

$$D_\tau(x) = \{x + y_1 + y_2 \mid y_1 \in E^0(x), y_2 \in E^u(x), \|y_1\|, \|y_2\| < \tau\}.$$

则 $D_\tau(x) \subset T_x M = E^0(x) \oplus E^u(x)$ 是以 $x$ 为心 $2\tau$ 为边长的 "平行多面 体" 盒子. 用 $B_\tau(x)$ 表示流形 $M$ 上以 $x$ 为心 $\tau$ 为半径的开球. 在局部 上流形和切空间等同 (即把指数映射视为恒同), 于是可谈盒子和球之间 的互相包含关系: 取 $k_2 > k_1 > 0, \tau_1 > 0$, 使得对任意的 $0 < \tau \leqslant \tau_1$ 有

$$B_{k_1\tau}(x) \subset D_\tau(x) \subset B_{k_2\tau}(x).$$

在第一步我们确定了常数 $\lambda, \beta, c, \alpha$ 进而确定了 $\delta$. 对于这个 $\delta > 0$, 回顾注 4.5.5 的记号

$$r_n(x, \delta, f) = \sup\{r > 0 \mid \sup_{y \in B_r(x)} \|D_x f^n - D_y f^n\| < \delta\}$$

和下极限

$$\liminf_{n \to \infty} \frac{1}{n} \ln r_n(x, \delta, f)$$

有限, $\mu - \text{a.e.} \ x \in M$. 对第一步中的 $a > 0$, 取 $H$ 充分大并满足

$$e^{-NH} < a,$$

且可取 $K_0' \subseteq K_0$ 满足

$$\mu(K_0') > 1 - \frac{2\varepsilon}{3},$$

使得对任意的 $x \in K_0'$ 有

$$\liminf_{n\to\infty} \frac{1}{n} \ln r_n(x, \delta, f) > -H.$$

依据此极限并用 Ergorov 定理, 存在紧集 $K \subseteq K_0' \subseteq K_0$, 满足

$$\mu(K) > 1 - \varepsilon,$$

且存在 $N_1 > N_0$ 满足

$$r_{nN}(x, \delta, f) \geqslant \mathrm{e}^{-nNH}, \quad N > N_1, n \geqslant 1, x \in K.$$

取

$$\xi = \mathrm{e}^{-NH},$$

再记 $g = f^N$, 则

$$r_n(x, \delta, g) \geqslant \xi^n, \quad x \in K, n \geqslant 1.$$

关注 $K$ 出发且返回 $K$ 的状态点. 考虑第一次返回映射

$$K \to \mathbb{Z}^+, \quad N(x) = \min\{m \geqslant 1 \mid g^m(x) \in K\}.$$

由 Poincaré 回复定理, $K$ 中 $\mu$ 几乎所有点返回 $K$. 由 Kac 定理 (参见文献 [17] 定理 2.4.4), $N(x)$ 是可积函数. 把 $N(x)$ 延拓到 $M$, 即令 $N(x) = 0$, $x \in K^c$. 令

$$\rho\colon M \to (0,1), \quad \rho(x) = \min\left(a, \frac{k_1}{k_2}\xi^{N(x)}\right).$$

由 $N(x)$ 可积易见 $\ln\rho$ 可积. 由 $0 < a < 1$ 知 $\rho$ 的值域确实包含于 $(0,1)$ 以及 $\rho$ 能保证 (4.2) 式成立. 由于

$$\frac{k_1}{k_2}\xi^{N(x)} < \frac{k_1}{k_2}r_{N(x)}(x, \delta, g) < r_{N(x)}(x, \delta, g),$$

则根据 $r_n(x,\delta,g)$ 的定义知 $\rho(x)$ 可充当图变换原理中的 $r$, $g^{N(x)}(x)$ 可充当 $F$. 至此, 我们定出了图变换引理的 $r$ 和 $F$.

**第三步**　给出一个断言, 并利用断言证明不等式

$$h_\mu(f) \geqslant \int \chi(x)\mathrm{d}\mu.$$

用 $\nu$ 表示 Lebesgue 测度, 回顾定理条件 $\mu \ll \nu$.

**断言** (其证明在第四步完成): 存在 $K' \subset K$,

$$\mu(K') > 1 - 2\sqrt{\varepsilon}$$

满足对 $\mu - \mathrm{a.e.}\, x \in K'$ 成立

$$h_\nu(g, \rho, x) \geqslant N(\chi(x) - \varepsilon - 4C\sqrt{\varepsilon}) - \varepsilon,$$

其中

$$C = \sup\{\ln|\det D_p f|_E|\,;\ p \in M, E \subset T_p M\}.$$

由此断言和命题 4.2.1 我们有

$$
\begin{aligned}
h_\mu(g) &\geqslant \int h_\nu(g, \rho, x)\mathrm{d}\mu \\
&\geqslant \int_{K'} h_\nu(g, \rho, x)\mathrm{d}\mu \\
&\geqslant \int_{K'} N\chi(x)\mathrm{d}\mu - N(\varepsilon + 4C\sqrt{\varepsilon}) - \varepsilon \\
&\geqslant \int N\chi(x)\mathrm{d}\mu - N(\varepsilon + 6C\sqrt{\varepsilon}) - \varepsilon.
\end{aligned}
$$

于是有

$$h_\mu(f) = \frac{1}{N}h_\mu(g) \geqslant \int \chi(x)\mathrm{d}\mu - (\varepsilon + 6C\sqrt{\varepsilon}) - \frac{\varepsilon}{N}.$$

令 $\varepsilon \to 0$ 得到

$$h_\mu(f) \geqslant \int \chi(x)\mathrm{d}\mu.$$

**第四步**　证明断言.

用 $\tau_K$ 表示 $K$ 的特征函数, 根据 Birkhoff 遍历定理

$$\lim_{n \to +\infty} \frac{1}{n} \#\{0 \leqslant i \leqslant n-1 \mid g^i(x) \in K\} = \lim_{n \to +\infty} \frac{1}{n} \sum_{i=0}^{n-1} \tau_K(g^i x) \triangleq \widetilde{\tau}(x),$$

$\mu -$ a.e. $x \in M$. 令 $D = \{x \mid \widetilde{\tau}(x) > 1 - \sqrt{\varepsilon}\}$, 则有

$$\begin{aligned}
1 - \varepsilon < \mu(K) = \int \tau_K \, \mathrm{d}\mu &= \int \widetilde{\tau} \, \mathrm{d}\mu \\
&= \int_D \widetilde{\tau} \, \mathrm{d}\mu + \int_{M \setminus D} \widetilde{\tau} \, \mathrm{d}\mu \\
&\leqslant \mu(D) + (1 - \sqrt{\varepsilon})(1 - \mu(D)) \\
&= \mu(D)\sqrt{\varepsilon} + (1 - \sqrt{\varepsilon})
\end{aligned}$$

进而有 $\mu(D) > 1 - \sqrt{\varepsilon}$.

根据 Ergorov 定理, 存在紧集合 $K' \subset K$, 满足

$$\mu(K') > 1 - 2\sqrt{\varepsilon},$$

并且存在 $N_1 \geqslant N_0$, 使得

$$\#\{0 \leqslant j \leqslant n-1 \mid g^j(x) \in K\} \geqslant n - 2n\sqrt{\varepsilon}, \quad \forall x \in K', \quad \forall n > N_1,$$

亦即

$$\#\{0 \leqslant j \leqslant n-1 \mid g^j(x) \in K^c\} \leqslant 2n\sqrt{\varepsilon}, \quad \forall x \in K', \quad \forall n > N_1. \quad (4.3)$$

任意固定 $x \in K'$, 记

$$S_n(g, \rho, x) = \{y \in M \mid d(g^i(x), g^i(y)) < \rho(g^i(x)), 0 \leqslant i \leqslant n-1\}.$$

取常数 $B$ 满足

$$\nu(S_n(g, \rho, x)) = B \int_{E^0(x)} \nu((y + E^u(x)) \cap S_n(g, \rho, x)) \mathrm{d}\nu(y), \quad \forall n \geqslant 0,$$

其中积分号里面的 $\nu$ 分别表示 $y + E^u(x)$ 上和 $E^0(x)$ 上的条件 Lebesgue 测度 (如图 4.5 所示). 根据 $h_\nu(g, \rho, x)$ 的定义, 要证断言只需证

$$\begin{aligned}
\limsup_{n \to \infty} \inf_{y \in E^0(x)} \frac{1}{n} & (-\ln \nu((y + E^u(x)) \cap S_n(g, \rho, x))) \\
& \geqslant N(\chi(x) - \varepsilon - 4C\sqrt{\varepsilon}) - \varepsilon.
\end{aligned}$$

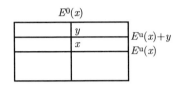

图 4.5　条件测度

对 $y \in E^0(x)$, 定义

$$\Lambda_n(y) = (y + E^u(x)) \cap \left( \bigcap_{i=0}^{n-1} g^{-i} D_{\rho(g^i(x))/k_1}(g^i(x)) \right).$$

注意到

$$S_n(g, \rho, x) = \bigcap_{i=0}^{n-1} g^{-i} B_{\rho(g^i(x))}(g^i(x))$$

和 $k_1$ 的取法, 则有

$$B_{\rho(g^i(x))}(g^i(x)) = B_{k_1\rho(g^i(x))/k_1}(g^i(x)) \subset D_{\rho(g^i(x))/k_1}(g^i(x)),$$

进而有

$$\Lambda_n(y) \supseteq (y + E^u(x)) \cap S_n(g, \rho, x).$$

故只需证明

$$\limsup_{n \to \infty} \inf_{y \in E^0(x)} \frac{1}{n}(-\ln \nu(\Lambda_n(y))) \geqslant N(\chi(x) - \varepsilon - 4C\sqrt{\varepsilon}) - \varepsilon. \tag{4.4}$$

我们先证明一个**事实**:

设 $x \in K'$ 且 $g^n(x) \in K$. 如果对某个 $y \in E^0(x)$ 有 $\Lambda_n(y) \neq \emptyset$, 则

$$g^n(\Lambda_n(y))$$

是 $((D_x g^n)E^0(x), (D_x g^n)E^u(x))$-图满足发散度 $\leqslant c$.

下面用归纳法证明事实.

当 $n = 0$ 时,

$$\Lambda_0(y) = (y + E^u(x)) \cap D_{\rho(x)/k_1}(x)$$

自然是 $(E^0(x), E^u(x))$-图具有 0 发散度, 结论是平凡的.

假定 $m \geqslant 0$ 时事实成立. 设 $n > m$ 并设 $\Lambda_n(y) \neq \emptyset$, $g^n(x) \in K$ 且 $g^j(x) \notin K$, $\forall m < j < n$. 则根据 $\Lambda_n(y)$ 的定义易知

$$g^n(\Lambda_n(y)) \subset g^{n-m}(g^m(\Lambda_m(y)) \cap D_{\frac{\rho(g^m(x))}{k_1}}(g^m(x))).$$

归纳假设告诉我们

$$g^m(\Lambda_m(y))$$

是 $((D_x g^m)E^0(x), (D_x g^m)E^u(x))$-图具有发散度 $\leqslant c$, 则交集

$$g^m(\Lambda_m(y)) \cap D_{\frac{\rho(g^m(x))}{k_1}}(g^m(x))$$

亦然. 根据第二步

$$r_{n-m}(g^m(x), \delta, g) \geqslant \xi^{n-m} > \rho(g^m(x)) > \frac{\rho(g^m(x))}{k_1}, \quad x \in K.$$

于是在图变换原理中, $\dfrac{\rho(g^m(x))}{k_1}$ 可以充当 $r$, $g^{n-m}$ 可以充当 $F$. 应用图变换原理, $g^{n-m}$ 将具有发散度 $\leqslant c$ 的

$$((D_x g^m)E^0(x), (D_x g^m)E^u(x))\text{-图}$$

映射成具有发散度 $\leqslant c$ 的

$$((D_x g^n)E^0(x), (D_x g^n)E^u(x))\text{-图}.$$

作为

$$g^{n-m}(g^m(\Lambda_m(y)) \cap D_{\frac{g^m(x)}{k_1}}(g^m(x)))$$

的开子集合, $g^n(\Lambda_n(y))$ 是

$$((D_x g^n)E^0(x), (D_x g^n)E^u(x))\text{-图}$$

满足发散度 $\leqslant c$. 事实证完.

下面继续证明断言. 取 $D > 0$ 使得对所有包含在 $D_{\rho(w)}(w)$ 的 $(E^0(w), E^u(w))$-图 $(w \in K)$ 且发散度 $\leqslant c$ 者, 其体积都小于 $D$.

设 $x \in K' \subset K$. 为证明 (4.4) 式需要估算

$$\nu(g^n(\Lambda_n(y))) = \int_{\Lambda_n(y)} |\det(D_z g^n)|_{T_z \Lambda_n(y)}| \mathrm{d}\nu(z),$$

注意点 $z \in \Lambda_n(y)$ 不一定属于第一步确定的集合 $K_0$, 被积函数不能像第一步那样直接与 $\mu$ 的正 Lyapunov 指数之和建立联系. 下面, 通过点 $x \in K'$ 间接地建立联系.

令

$$J_n = \{0 \leqslant j \leqslant n-1 \mid g^j(x) \in K\},$$

则对 $n \geqslant N_1$ 有

$$\ln |\det(D_z g^n)|_{T_z \Lambda_n(y)}|$$
$$= \sum_{j=0}^{n-1} \ln |\det(D_{g^j(z)} g)|_{T_{g^j(z)} g^j \Lambda_n(y)}|$$
$$\geqslant \sum_{j \in J_n} \ln |\det(D_{g^j(z)} g)|_{T_{g^j(z)} g^j \Lambda_n(y)}| - NC(n - \#J_n)$$

(由 $C$ 的选取以及 $g = f^N$).

对于 $j \in J_n$, $g^j \Lambda_n(y)$ 是 $(E^0(g^j(x)), E^u(g^j(x)))$ 图具有分散度 $\leqslant c$ (由事实). 现在

$$g^j \Lambda_n(y) \subset g^j(y + E^u(x)) \cap D_{\rho(g^j(x))/k_1}(g^j(x))$$
$$\subset g^j(y + E^u(x)) \cap B_{\frac{k_2}{k_1} \rho(g^j(x))}(g^j(x))$$
$$\subset g^j(y + E^u(x)) \cap B_{\xi^{N(g^j(x))}}(g^j(x))$$
$$\qquad \left( \rho(g^j(x)) = \min \left\{ a, \frac{k_1}{k_2} \xi^{N(g^j(x))} \right\} \right)$$
$$\subset g^j(y + E^u(x)) \cap B_a(g^j(x)) \quad (\text{由取法 } \xi = \mathrm{e}^{-NH} < a),$$

进而有

$$d(g^j(z), g^j(x)) < a, \quad \forall z \in \Lambda_n(y).$$

使用 (4.2) 我们得到

$$|\ln |\det(D_{g^j(x)} g)|_{E^u(g^j(x))}| - \ln |\det(D_{g^j(z)} g)|_{T_{g^j(z)} g^j \Lambda_n(y)}|| < \varepsilon.$$

于是有

$$
\ln|\det(D_z g^n)|_{T_z \Lambda_n(y)}|
$$
$$
\geqslant \sum_{j \in J_n} \ln|\det(D_{g^j(x)}g)|_{E^u(g^j(x))}| - \varepsilon n - NC(n - \#J_n)
$$
$$
\geqslant \sum_{j=0}^{n-1} \ln|\det(D_{g^j(x)}g)|_{E^u(g^j(x))}| - \varepsilon n - 2NC(n - \#J_n)
$$
$$
= \ln|\det(D_x f^{nN})| - \varepsilon n - 2NC(n - \#J_n)
$$
$$
\geqslant nN(\chi(x) - \varepsilon) - \varepsilon n - 2NC(n - \#J_n) \quad \text{(见第一步)}
$$
$$
\geqslant nN(\chi(x) - \varepsilon) - \varepsilon n - 4NCn\sqrt{\varepsilon} \quad \text{(由 (4.3) 式)}.
$$

故对 $x \in K'$ 和 $y \in E^0(x)$, 当 $n$ 使得 $g^n(x) \in K$ 时, 我们有

$$
D > \nu(g^n(\Lambda_n(y)))
$$
$$
= \int_{\Lambda_n(y)} |\det(D_z g^n)|_{T_z \Lambda_n(y)}| \mathrm{d}\nu(z)
$$
$$
\geqslant \nu(\Lambda_n(y)) \mathrm{e}^{n(N(\chi(x)-\varepsilon)-\varepsilon-4NC\sqrt{\varepsilon})},
$$

即

$$
\nu(\Lambda_n(y)) \leqslant D \mathrm{e}^{-n(N(\chi(x)-\varepsilon)-\varepsilon-4NC\sqrt{\varepsilon})}.
$$

由此推出 (4.4) 式,

$$
\limsup_{n \to \infty} \inf_{y \in E^0(x)} \frac{1}{n}(-\ln \nu(\Lambda_n(y))) \geqslant N(\chi(x) - \varepsilon - 4C\sqrt{\varepsilon}) - \varepsilon.
$$

断言证毕. □

## §4.6 习 题

1. 证明引理 4.1.4.

2. 设 $f: M \to M$ 是紧致光滑 Riemann 流形的 $C^1$ 微分同胚. 讨论能否取出常数 $C > 0$, 使得

$$
\|D_x f^n - D_y f^n\| \leqslant C^n d(x, y), \quad \forall x, y \in M.
$$

3. 设 $g\colon M \to M$ 是紧致光滑 Riemann 流形的 $C^1$ 微分同胚保持遍历测度 $\mu$. 设 $\rho\colon M \to (0,1)$ 是可测函数满足 $\ln \rho$ 可积. 证明:

$$h_\mu(g, \rho, x) = \text{const.}, \quad \mu - \text{a.e.} x \in M.$$

4. 设 $f\colon M \to M$ 是紧致光滑 Riemann 流形的 $C^1$ 微分同胚保持遍历测度 $\mu$. 设 $\tau$ 为 $\mu$ 的 Lyapunov 指数具有相应的特征丛 $E = (E(x))_{x \in M}$, 则

$$\lim_{k \to +\infty} \frac{1}{k} \ln m(Df^k|_{E(x)}) = \lim_{k \to +\infty} \frac{1}{k} \ln \|Df^k|_{E(x)}\| = \tau, \quad \mu - \text{a.e. } x \in M.$$

# 第 5 章 Pesin 集及其结构

本章讨论双曲测度 (即 Lyapunov 指数非零的不变测度) 的正则点集 (即指数都存在的全测集合) 的几何结构. 正则点集按照双曲性强弱分解为一层套一层的滤子结构. 这个滤子叫做 Pesin 集. 在研究保持双曲测度的微分动力系统动力学性质和统计学性质时, Pesin 集是重要的平台.

## §5.1 一致双曲与非一致双曲系统

### 5.1.1 一致双曲系统

**定义 5.1.1** 设 $f\colon M \to M$ 为紧 Riemann 流形上的 $C^1$ 微分同胚. 称 $(M, f)$ 为双曲系统, 如果存在关于 $x \in M$ 连续的关于 $Df$ 不变的切丛直和分解

$$TM = E^s \oplus E^u,$$

存在常数 $C > 1$ 和 $\lambda,\ \mu > 0$, 使得

$$\|Df^n(v_s)\| \leqslant Ce^{-n\lambda}\|v_s\|, \quad \forall v_s \in E_x^s,\ \forall n \geqslant 0,\ \forall x \in M,$$

$$\|Df^{-n}(v_u)\| \leqslant Ce^{-n\mu}\|v_u\|, \quad \forall v_u \in E_x^u,\ \forall n \geqslant 0,\ \forall x \in M.$$

双曲系统的主要性态是, 在切映射 $Df$ 的迭代下, 一个丛的向量以一致的数率压缩, 另一个丛的向量以一致的数率扩张. 基于这种一致性, 亦称双曲系统为一致双曲系统.

**例 5.1.2** 环面双曲自同构

$$f\colon \mathbb{R}^2/\mathbb{Z}^2 \to \mathbb{R}^2/\mathbb{Z}^2$$

$$f\begin{pmatrix} x_1 \\ x_2 \end{pmatrix} = \begin{pmatrix} 2 & 1 \\ 1 & 1 \end{pmatrix}\begin{pmatrix} x_1 \\ x_2 \end{pmatrix} \quad (\mathrm{mod}\,\mathbb{Z}^2).$$

切映射 $Df$ 是常数矩阵

$$A = \begin{pmatrix} 2 & 1 \\ 1 & 1 \end{pmatrix}.$$

$A$ 的特征值为 $\dfrac{3-\sqrt{5}}{2}$ 和 $\dfrac{3+\sqrt{5}}{2}$, 对应的特征子空间分别记为 $E_x^s$ 和 $E_x^u$, 则

$$TM = E^s \oplus E^u.$$

取 $C = 1$ 并记

$$\lambda = -\ln \frac{3-\sqrt{5}}{2}, \quad \mu = \ln \frac{3+\sqrt{5}}{2},$$

即得到定义 5.1.1 中的不等式.

### 5.1.2 双曲测度

**定义 5.1.3** 设 $f: M \to M$ 是紧致光滑 Riemann 流形的 $C^1$ 微分同胚, 保持 Borel 概率测度 $m$. 如果:

(1) $m$ 的所有 Lyapunov 指数都是非 0 的;

(2) $m$ 既有正的 Lyapunov 指数也有负的 Lyapunov 指数,

则称 $m$ 为**双曲测度**.

依据遍历分解定理 (参见文献 [14] Theorem 6.4), 本章我们重点研究双曲的遍历测度. 如前用 $\mathcal{M}_{\mathrm{erg}}(M, f)$ 表示 $f$ 保持的遍历的 Borel 概率测度的集合. 由不变测度的存在定理 (见文献 [17] 定理 6.1.2)

$$\mathcal{M}_{\mathrm{erg}}(M, f) \neq \emptyset.$$

将双曲的遍历测度之集合记为 $\mathcal{M}_{\mathrm{erg}}^*(M, f)$, 则

$$\mathcal{M}_{\mathrm{erg}}^*(M, f) \subset \mathcal{M}_{\mathrm{erg}}(M, f).$$

双曲遍历测度的最大负 Lyapunov 指数的绝对值和最小的正的 Lyapunov 指数, 比拟于双曲不变集上切算子的压缩率和扩张率, 反映了正则集上微分同胚的切算子的平均压缩率和平均扩张率. 基于一致的压缩率和一致的扩张率, 称双曲系统为一致双曲系统. 保持双曲遍历测度的系统叫作**非一致双曲系统**, 其压缩率和扩张率随着状态点变化. 非一致双曲系

统避开了最平凡情形, 即 Lyapunov 指数都为零情形, 此情形根据 Ruelle 不等式是零熵系统. 非一致双曲系统也避开了最复杂的情形, 即正负零三种 Lyapunov 指数齐备的情形, 此时零指数及其对应的特征子丛很难用相仿于双曲系统的技术处理.

一致双曲的系统对流形有强的限制条件, 例如球面 $S^2$ 上不存在一致双曲系统. 但每个维数大于 1 的紧流形都存在 $C^1$ 微分同胚保持 Lebesgue 测度且使之为双曲测度, 即每个流形上都存在非一致双曲系统[6]. 非一致双曲系统是 "既联系于一致双曲又走出了一致双曲的系统" (英文表述方便些: Dynamics Beyond Hyperbolicity) 的两类最重要的系统的一类, 另一类叫部分双曲系统, 本书不做介绍.

下面命题指出, 就 2 维流形上的微分同胚而言, 正拓扑熵意味着双曲测度的存在性.

**命题 5.1.4** 设 $f: M \to M$ 是紧致光滑 Riemann 流形上的 $C^1$ 微分同胚且 $\dim M = 2$. 若

$$h_{\mathrm{top}}(f) > 0,$$

则存在双曲遍历测度 $m$, 即

$$\mathcal{M}_{\mathrm{erg}}^*(M, f) \neq \emptyset.$$

**证明** 依据熵的变分原理

$$h_{\mathrm{top}}(f) = \sup_{m \in \mathcal{M}_{\mathrm{erg}}(M, f)} h_m(f).$$

所以存在 $m \in \mathcal{M}_{\mathrm{erg}}(M, f)$, 使得

$$h_m(f) > 0.$$

根据 Oseledets 定理, 可设 $m$ 有 Lyapunov 指数

$$\lambda_1 \leqslant \lambda_2.$$

根据 Ruelle 不等式定理 4.3.2 得

$$0 < h_m(f) \leqslant \sum_{\lambda_i > 0} \lambda_i = \max\{0, \lambda_1\} + \max\{0, \lambda_2\}.$$

这推出 $m$ 有正 Lyapunov 指数, 不妨设 $\lambda_2 > 0$.

注意到 $m$ 也是 $f^{-1}$ 保持的遍历测度, 即

$$m \in \mathcal{M}_{\mathrm{erg}}(M, f^{-1}).$$

对 $(f^{-1}, m)$ 用 Oseledets 定理知 $m$ 关于 $f^{-1}$ 的 Lyapunov 指数是

$$-\lambda_1 \geqslant -\lambda_2.$$

再用 Ruelle 不等式有

$$0 < h_m(f) = h_m(f^{-1}) \leqslant \max\{0, -\lambda_1\} + \max\{0, -\lambda_2\}.$$

从这个不等式和已经假定的 $\lambda_2 > 0$, 推出 $-\lambda_1 > 0$, 即 $\lambda_1 < 0$. 从而

$$\lambda_1 < 0 < \lambda_2,$$

亦即 $m$ 是双曲测度. □

**注 5.1.5** 从命题推导看出, $\dim M = 2$ 时,

$$h_m(f) > 0 \implies m \in \mathcal{M}_{\mathrm{erg}}^*(M, f).$$

本章研究双曲遍历测度.

## §5.2  Pesin 集的公理式定义

设 $f: M \to M$ 是紧致光滑 Riemann 流形的 $C^1$ 微分同胚. 我们将为流形 $M$ 确定一个子空间使之就给定双曲测度而言具有满测度, 在子空间上用 Lyapunov 指数控制状态点的动力学行为. 我们采用公理式方法定义这个子空间.

**定义 5.2.1**  设 $\lambda, \mu \gg \varepsilon$ 为三个正实数, 设 $k \geqslant 1$ 为正整数. 定义

$$\Lambda_k(\lambda, \mu, \varepsilon)$$

为具有下列性质的点 $x \in M$ 的集合.

在 $x$ 点的切空间具有直和分解

$$T_x M = E^s(x) \oplus E^u(x)$$

满足不变性

$$D_x f^m(E^s(x)) = E^s(f^m(x)), \quad D_x f^m(E^u(x)) = E^u(f^m(x)),$$

并且 $x$ 点的切映射和切子空间满足下列三个条件:

(1) $\|Df^n \mid_{E^s(f^m(x))}\| \leqslant \mathrm{e}^{\varepsilon k}\mathrm{e}^{-(\lambda-\varepsilon)n}\mathrm{e}^{\varepsilon|m|}$, $n \geqslant 1$, $m \in \mathbb{Z}$;

(2) $\|Df^{-n} \mid_{E^u(f^m(x))}\| \leqslant \mathrm{e}^{\varepsilon k}\mathrm{e}^{-(\mu-\varepsilon)n}\mathrm{e}^{\varepsilon|m|}$, $n \geqslant 1$, $m \in \mathbb{Z}$;

(3) $|\sin\angle(E^s(f^m(x)), E^u(f^m(x)))| > \mathrm{e}^{-\varepsilon k}\mathrm{e}^{-\varepsilon|m|}$, $\forall m \in \mathbb{Z}$.

记

$$\Lambda = \Lambda(\lambda, \mu, \varepsilon) = \bigcup_{k=1}^{+\infty} \Lambda_k(\lambda, \mu, \varepsilon).$$

我们称 $\Lambda$ 为 $f$ 的 **Pesin 集**, 称 $\Lambda_k(\lambda, \mu, \varepsilon)$ 为第 $k$ 个 **Pesin 块**.

我们谈一下关于 Pesin 集的初步理解:

1. 上述条件 (3) 是要求两个丛的夹角 (随 $k$ 变大随 $|m|$ 变大时) 变小的速度不能太快. 而夹角变小的速度太快会增加很多问题的难度.

2. 谈谈 Pesin 集的背景. 给定一个双曲遍历测度, 对正则点 $x$ 来说, $E^s(x)$ 表示负 Lyapunov 指数的特征空间之直和, $E^u(x)$ 表示正 Lyapunov 指数的特征子空间之直和. 可取 $\lambda$ 为最大的负 Lyapunov 指数的绝对值, $\mu$ 为最小正指数, $\varepsilon$ 为一个远小于 $\lambda$ 和 $\mu$ 的正数. 可以证明正则集包含于 Pesin 集 $\Lambda(\lambda, \mu, \varepsilon)$ (见 §5.3).

3. 解释切算子 $D_x f$ 的压缩性与扩张性 (简称双曲性).

$\mathrm{e}^{-(\lambda-\varepsilon)}$ 表示 $Df$ 沿 $E^s$ 的平均压缩程度. $\mathrm{e}^{-(\mu-\varepsilon)}$ 表示 $Df^{-1}$ 沿 $E^u$ 的平均压缩程度, 换言之 $\mathrm{e}^{(\mu-\varepsilon)}$ 表示 $Df$ 沿 $E^u$ 的平均扩张程度.

$\mathrm{e}^{\varepsilon|m|}$ 表述扩张程度压缩程度 (简称双曲程度) 在轨道 $\mathrm{Orb}(x, f) = \{f^m(x)\}$ 上随 $m$ 变化.

$\mathrm{e}^{\varepsilon k}$ 是映射 $Df \mid_{E^s(x)}$ 和 $Df^{-1} \mid_{E^u(x)}$ 在 $\Lambda_k$ 的压缩率的初始值, 以界定正则点 $x$ 属于第 $k$ 个 Pesin 块. $\Lambda$ 为可数多个块 $\Lambda_k$ 之并, 角码 $k$ 越大压缩率的初始值越大越不易于研究.

**命题 5.2.2**　下面的事实成立:

(1) $\Lambda_1 \subset \Lambda_2 \subset \cdots \Lambda_k \subset \Lambda_{k+1} \subset \cdots$;

(2) $f(\Lambda_k), f^{-1}(\Lambda_k) \subseteq \Lambda_{k+1}$;

(3) $f(\Lambda) = \Lambda$, 即 Pesin 集是 $f$ 的不变集.

**证明**　(1) 是平凡的.

(2) $x \in \Lambda_k$ 点的切空间分解

$$T_x M = E^s(x) \oplus E^u(x)$$

经切映射 $D_x f$ 变为 $f(x)$ 点的切空间分解

$$T_{f(x)} M = E^s(f(x)) \oplus E^u(f(x)).$$

为证明 $f(x) \in \Lambda_{k+1}$ 需要验证定义中的不等式 (1)(2)(3). 我们只验证 (1), 而把 (2)(3) 的验证留给读者.

当 $m > 0$ 时,

$$
\begin{aligned}
&\| Df^n \mid_{E^s(f^m f(x))} \| \\
&= \| Df^n \mid_{E^s(f^{m+1}(x))} \| \\
&\leqslant \mathrm{e}^{\varepsilon k} \mathrm{e}^{-(\lambda-\varepsilon)n} \mathrm{e}^{\varepsilon|m+1|} \\
&= \mathrm{e}^{\varepsilon(k+1)} \mathrm{e}^{-(\lambda-\varepsilon)n} \mathrm{e}^{\varepsilon|m|}.
\end{aligned}
$$

当 $m < 0$ 时,

$$
\begin{aligned}
&\| Df^n \mid_{E^s(f^m f(x))} \| \\
&= \| Df^n \mid_{E^s(f^{m+1}(x))} \| \\
&\leqslant \mathrm{e}^{\varepsilon k} \mathrm{e}^{-(\lambda-\varepsilon)n} \mathrm{e}^{\varepsilon|m+1|} \\
&\leqslant \mathrm{e}^{\varepsilon(k+1)} \mathrm{e}^{-(\lambda-\varepsilon)n} \mathrm{e}^{\varepsilon|m|} \quad (\text{注意}|m+1| < |m|+1).
\end{aligned}
$$

这说明 $f(x) \in \Lambda_{k+1}$. 所以

$$f\Lambda_k \subset \Lambda_{k+1}.$$

同理可证

$$f^{-1}\Lambda_k \subset \Lambda_{k+1}.$$

由 (1) (2) 以及 $\Lambda = \bigcup\limits_{k=1}^{+\infty} \Lambda_k$ 则 (3) 自然成立. □

**例 5.2.3** 双曲环面自同构即例子 5.1.2. 设

$$f: M = \mathbb{R}^2 / \mathbb{Z}^2 \to M = \mathbb{R}^2 / \mathbb{Z}^2.$$

$$f(x_1, x_2) = (2x_1 + x_2, x_1 + x_2)(\mathrm{mod}\,1).$$

切映射是常数矩阵

$$D_x f = \begin{pmatrix} 2 & 1 \\ 1 & 1 \end{pmatrix}, \quad \forall x \in M.$$

矩阵有两个特征值

$$\frac{3 - \sqrt{5}}{2}, \quad \frac{3 + \sqrt{5}}{2},$$

特征子空间分别记为 $E^s(x)$ 和 $E^u(x)$, 则 $x$ 点处切空间有直和分解

$$T_x M = E^s(x) \oplus E^u(x).$$

显然 $DfE^s(x) = E^s(f(x)),\quad DfE^s(x) = E^s(f(x)).$ 记

$$\lambda = -\ln \frac{3 - \sqrt{5}}{2}, \quad \mu = \ln \frac{3 + \sqrt{5}}{2}.$$

取 $E^s(f^m(x))$ 的单位向量 $e^s(f^m(x))$ 满足

$$\|Df^n\mid_{E^s(f^m(x))}\| = \|Df^n e^s(f^m(x))\|,$$

则

$$
\begin{aligned}
\|Df^n\mid_{E^s(f^m(x))}\| &= \|Df^n e^s(f^m(x))\| \\
&= \left(\frac{3 - \sqrt{5}}{2}\right)^n \\
&= \mathrm{e}^{n\left(\ln \frac{3-\sqrt{5}}{2}\right)} \\
&= \mathrm{e}^{-n\lambda} \\
&= \mathrm{e}^{-n(\lambda-\varepsilon)}\mathrm{e}^{-n\varepsilon} \\
&\leqslant \mathrm{e}^{-n(\lambda-\varepsilon)}\mathrm{e}^{\varepsilon|m|}.
\end{aligned}
$$

取 $E^u(f^m(x))$ 的单位向量 $e^u(f^m(x))$, 则

$$Df^n \circ Df^{-n}e^u(f^m(x)) = e^u(f^m(x)), \quad \left(\frac{3+\sqrt{5}}{2}\right)^n \|Df^{-n}e^u(f^m(x))\| = 1.$$

于是

$$
\begin{aligned}
\|Df^{-n}|_{E^u(f^m(x))}\| &= \|Df^{-n}e^u(f^m(x))\| \\
&= \left(\frac{1}{\frac{3+\sqrt{5}}{2}}\right)^n \\
&= e^{-n\mu} \\
&\leqslant e^{-n(\mu-\varepsilon)}e^{\varepsilon|m|}.
\end{aligned}
$$

再注意到

$$\angle(E^s(x), E^u(x)) = \frac{\pi}{2} = 常数.$$

依定义 5.2.1, 对任何 $\varepsilon$,

$$0 < \varepsilon < \lambda, \ \mu,$$

整个流形 $M$ 是 Pesin 集

$$\Lambda = \Lambda(\lambda, \mu, \varepsilon) = M,$$

且在此例中各 Pesin 块是恒同的, 即

$$\Lambda = \Lambda_k, \quad \forall k \geqslant 1.$$

**例 5.2.4** Smale 马蹄 (参见文献 [20] 第三章第二节).

设 $S^2$ 表示 2 维球面. 考虑微分同胚 $f: S^2 \to S^2$, 它限制在矩形 $R \subset S^2$ 上的时候沿竖直方向扩张沿水平方向压缩, 并设 $0 < \alpha < 1$ 使得压缩率为 $\alpha$ 扩张率为 $\frac{1}{\alpha}$. 我们得到 Smale 马蹄

$$C = \bigcap_{n=-\infty}^{+\infty} f^n(R).$$

对 $\forall x \in C$,

$$E^u(x) = 竖直线, \quad E^s(x) = 水平线.$$

此时有

$$\angle(E^s(x), E^u(x)) = \frac{\pi}{2}.$$

取 $\lambda = -\ln\alpha$, 并取 $0 < \varepsilon \ll -\ln\alpha$, 我们有

$$\|Df^n\mid_{E^s(x)}\| = \alpha^n = \mathrm{e}^{n\ln\alpha} < \mathrm{e}^{-n(\lambda-\varepsilon)}.$$

$$\|Df^{-n}\mid_{E^u(x)}\| = \alpha^n = \mathrm{e}^{n\ln\alpha} < \mathrm{e}^{-n(\lambda-\varepsilon)}.$$

则 Pesin 集为

$$\Lambda = \Lambda(\lambda, \lambda, \varepsilon) = \Lambda_k(\lambda, \lambda, \varepsilon) = C, \quad k \geqslant 1.$$

我们修改这个马蹄. 在 $C$ 上取定一个不动点 $x_0$ (不动点存在性参见文献 [20] 定理 3.4) 并考虑附近的点 $x$. $E^u(x)$ 扩张率仍为常数 $\dfrac{1}{\alpha} > 1$. $E^s(x)$ 的收缩率 $\alpha(x)$ 随点变化且 $\alpha < \alpha(x) < 1$, $x \neq x_0$, 使之在 $x_0$ 处达到 1, 即

$$\alpha(x_0) = 1.$$

此时 Pesin 集为

$$\Lambda = \Lambda(\lambda, \lambda, \varepsilon) = C \setminus \{x_0\}.$$

Pesin 块 $\Lambda_k(\lambda, \lambda, \varepsilon)$ 上的收缩率随着角码 $k$ 变大而变弱 (即收缩率趋向于 1).

我们进一步修改 $x_0$ 点和附近的扩张率使之随点变化 $1 < \beta(x) \leqslant \dfrac{1}{\alpha}$, $x \neq x_0$ 且令 $\beta(x_0) = 1$. 则 Pesin 集也是 $\Lambda = \Lambda(\lambda, \lambda, \varepsilon) = C \setminus \{x_0\}$. Pesin 块 $\Lambda_k(\lambda, \lambda, \varepsilon)$ 是 $x_0$ 为心的某邻域的余集, 邻域直径随着 $k \to +\infty$ 而趋于 0. $k$ 越大双曲性越弱.

为了进一步研究 Pesin 块的性质, 我们回顾 Grassman 丛. 对 $1 \leqslant \ell \leqslant \dim M$, 令

$$\mathcal{L}_\ell(M) = \bigcup_{x \in M} \mathcal{L}_\ell(x),$$

其中的纤维是

$$\mathcal{L}_\ell(x) = \{T_x M 的 \ell 维线性子空间\}.$$

令

$$\mathcal{L}(M) = \bigcup_{1 \leqslant \ell \leqslant \dim M} \mathcal{L}_\ell(M)$$

并称之为 Grassman 丛. 这个丛是一个紧度量空间.

我们规定记号 $E_x^s$ 和 $E^s(x)$ 含义相同, $E_x^u$ 和 $E^u(x)$ 含义相同.

**命题 5.2.5** 对固定的 $k \geqslant 1$ 记 $\Lambda_k = \Lambda_k(\lambda, \mu, \varepsilon)$ 为 Pesin 块, 则下列性质成立:

(1) $\Lambda_k$ 是紧集;

(2) 分解 $x \in \Lambda_k \to E_x^s \oplus E_x^u$ 是连续的.

**注 5.2.6** 在命题 5.2.5(2) 中分解的连续性指下面映射的连续性:

$$\Lambda_k \to \mathcal{L}(M) \times \mathcal{L}(M), \quad x \to E_x^s \oplus E_x^u.$$

**命题证明** 任意给定 $x \in \Lambda_k$, 我们证明分解

$$T_x M = E_x^s \oplus E_x^u$$

是唯一的, 亦即满足 $\Lambda_k$ 定义 5.2.1 的三个条件的分解是唯一的. 否则, 又会有分解

$$T_x M = F_x^s \oplus F_x^u$$

满足定义 5.2.1 的条件 (1)(2)(3). 可以取单位向量

$$e_x \in F_x^s, \quad e_s \in E_x^s, \quad e_u \in E_x^u$$

使得

$$e_x = a e_s + b e_u, \quad \text{这里不妨设} \quad ab \neq 0.$$

于是

$$\begin{aligned}
\|D_x f^n e_x\| &\geqslant |b| \, \|D_x f^n e_u\| - |a| \, \|D_x f^n e_s\| \\
&\geqslant |b| \, \|D_x f^n e_u\| - |a| \, \|D_x f^n \, |_{E_x^s}\|.
\end{aligned}$$

又因为

$$D f^{-n} D f^n e_u = e_u, \quad \|D f^{-n} \, |_{E^u(f^n(x))}\| \, \|D f^n e_u\| \geqslant 1,$$

则

$$\|Df^n e_u\| \geqslant \frac{1}{\|Df^{-n}\mid_{E^u(f^n(x))}\|}$$

$$\geqslant \frac{1}{\mathrm{e}^{k\varepsilon}\mathrm{e}^{-(\mu-\varepsilon)n}\mathrm{e}^{n\varepsilon}}$$

$$= \frac{1}{\mathrm{e}^{k\varepsilon}\mathrm{e}^{-(\mu-2\varepsilon)n}}.$$

于是

$$\|D_x f^n e_x\| \geqslant \frac{|b|}{\mathrm{e}^{k\varepsilon}}\mathrm{e}^{(\mu-2\varepsilon)n} - |a|\mathrm{e}^{k\varepsilon}\mathrm{e}^{-(\lambda-\varepsilon)n} \to \infty, \quad n \to +\infty.$$

据此推出

$$\|D_x f^n\mid_{F_x^s}\| \to +\infty \qquad (n \to +\infty).$$

这和 $F_x^s$ 的取法是矛盾的. 这矛盾说明分解必须是唯一的.

下面证明 (1). 设 $x_i \in \Lambda_k$, $x_i \to x$, 只需证 $x \in \Lambda_k$ 即可. 我们分步讨论.

**第一步**　由 Grassman 丛的紧性选子列 $x_{i_j}$ 逼近 $x$, 并且 $x_{i_j}$ 的切空间分解逼出 $x$ 点处切空间的一个分解, 亦即使得下列成立:

$$
\begin{array}{ccc}
\mathcal{L}_{\ell_1}(M) \ni E_{x_{i_j}}^s & \to & E_x^1 \in \mathcal{L}_{\ell_1}(M) \\
\oplus & & \oplus \\
\mathcal{L}_{\ell_2}(M) \ni E_{x_{i_j}}^u & \to & E_x^2 \in \mathcal{L}_{\ell_2}(M) \\
\| & & \| \\
T_{x_{i_j}}M & \to & T_x M
\end{array}
$$

其中 $\ell_1 = \dim E_{x_{i_j}}^s$, $\ell_2 = \dim E_{x_{i_j}}^u$, $\ell_1 + \ell_2 = \dim M$.

**第二步**　就 $m = 0$ 情形依据定义 5.2.1 验证 $x \in \Lambda_k$ 的条件 (1), 其余的条件 (2)(3) 留给读者验证.

第一步中的子列 $\{x_{i_j}\}$ 是 $\Lambda_k$ 的子集合, 则有

$$\|D_{x_{i_j}} f^n\mid_{E_{x_{i_j}}^s}\| \leqslant \mathrm{e}^{k\varepsilon}\mathrm{e}^{-(\lambda-\varepsilon)n}.$$

由 $\|D_{x_{i_j}} f^n\| \to \|D_x f^n\|$ 知道

$$\|D_x f^n\mid_{E_x^1}\| \leqslant \mathrm{e}^{k\varepsilon}\mathrm{e}^{-(\lambda-\varepsilon)n}.$$

**第三步** $m \neq 0$ 情形验证 $x \in \Lambda_k$ 定义 5.2.1 的条件 (1), 而把条件 (2)(3) 留给读者验证.

先把 $E_{f^m(x)}^u$, $E_{f^m(x)}^s$ 定义出来, 亦即令

$$E_{f^m(x)}^u = D_x f^m(E_x^2), \quad E_{f^m(x)}^s = D_x f^m(E_x^1).$$

现在验证 $x \in \Lambda_k$ 的定义 5.2.1 条件 (1). 因为 $x_{i_j} \to x$ 则 $D_{x_{i_j}} f^m \to D_x f^m$. 于是有

$$\begin{array}{ccc} D_{x_{i_j}} f^m(E_{x_{i_j}}^s) & \to & D_x f^m(E_x^1) \\ \| & & \| \\ E_{f^m(x_{i_j})}^s & \to & E_{f^m(x)} \end{array}$$

已知定义 5.2.1(1) 对 $E_{f^m(x_{i_j})}^s$ 满足, 那么如第二步易证定义 5.2.1(1) 对 $E_{f^m(x)}$ 也满足. 这些说明

$$E_x^1 = E_x^s, \quad E_x^2 = E_x^u, \quad T_x M = E_x^s \oplus E_x^u$$

且 $x$ 满足 $\Lambda_k$ 的三个不等式. 故 $x \in \Lambda_k$. 命题 5.2.5(1) 得证.

下面证明命题 5.2.5(2). 设 $x \in \Lambda_k$, $\{x_i\} \subset \Lambda_k$, $x_i \to x$. 上面的论证表明 $E_{x_i}^s$ 有唯一的极限 $E_x^s$, $E_{x_i}^u$ 有唯一极限 $E_x^u$, $E_{x_i}^s \oplus E_{x_i}^u$ 有唯一的极限 $E_x^s \oplus E_x^u$. 故

$$\Lambda_k \ni x \to E_x^s \oplus E_x^u$$

是连续的. $\qquad\qquad\qquad\qquad\qquad\qquad\qquad\qquad\qquad\qquad\qquad$ □

一般说来 Pesin 集 $\Lambda$ 可以不紧致, 如例 5.2.4 修改的马蹄中 $\Lambda = C \setminus \{x_0\}$. 在集合 $\Lambda$ 上的丛 $E^s(x), E^u(x)$ 和分解

$$T_x M = E^s(x) \oplus E^u(x)$$

随 $x \in \Lambda$ 的变化也不是连续的. 每个 Pesin 块 $\Lambda_k$ 上有 "双曲率" (注: 一致双曲系统及其定义的双曲率隐含着空间是紧致且 $f$ 不变的事实, 这里加上引号以提醒 Pesin 块不是 $f$ 不变集), 随着 $k$ 变大而变弱, 以至于在作为可数多 Pesin 块的并集的 Pesin 集上没有整体的 "双曲率". 这些均会给非一致双曲系统的研究带来本质性的困难.

# §5.3　Pesin 集的 Lyapunov 范数

设 $f: M \to M$ 是紧 Riemann 流形上的 $C^1$ 微分同胚具有 Pesin 集

$$\Lambda = \Lambda(\lambda, \mu, \varepsilon) = \bigcup_{k \geqslant 1} \Lambda_k(\lambda, \mu, \varepsilon).$$

本节在 Pesin 集的切丛 $T_\Lambda M$ 上引入新的范数 $\|\cdot\|'$, 抹掉 $\mathrm{e}^{\varepsilon k}$ 在量度 Pesin 块 $\Lambda_k$ 的双曲性的作用, 亦即抹掉各个 Pesin 块之间双曲性的差别, 使得 $f: \Lambda \to \Lambda$ 在此范数下成为一致双曲系统. 将非一致双曲系统变为一致双曲系统, 所付出的代价是新范数 $\|\cdot\|'$ 和流形 $M$ 固有的 Riemann (度量诱导的) 范数 $\|\cdot\|$ 不等价, 两者在 $\Lambda_k$ 上随着 $k$ 增大越来越不匹配.

**定义 5.3.1**　取

$$\begin{cases} \lambda' = \lambda - 2\varepsilon > 0, \\ \mu' = \mu - 2\varepsilon > 0. \end{cases}$$

设 $x \in \Lambda$.

对 $v_s \in E_x^s$,　定义　$\displaystyle \|v_s\|_s = \sum_{n=0}^{+\infty} \mathrm{e}^{\lambda' n} \|D_x f^n(v_s)\|,$

对 $v_u \in E_x^u$,　定义　$\displaystyle \|v_u\|_u = \sum_{n=0}^{+\infty} \mathrm{e}^{\mu' n} \|D_x f^{-n}(v_u)\|.$

令

$$\|\cdot\|': T_\Lambda M \to \mathbb{R},$$
$$\|v\|'_x = \max\{\|v_s\|_s, \|v_u\|_u\},$$

其中 $v = v_u + v_s \in E_x^u \oplus E_x^s$, 并称 $\|\cdot\|'$ 为 Lyapunov 范数 (或 Lyapunov 度量).

我们依次讨论三个问题:

1. 定义 5.3.1 合理, 指定义中的两个级数收敛. 对 $x \in \Lambda$ 取 $k$ 使得

$x \in \Lambda_k$. 则

$$\sum_{n=0}^{+\infty} \mathrm{e}^{\lambda' n} \|D_x f^n(v_s)\|$$

$$\leqslant \sum_{n=0}^{+\infty} (\mathrm{e}^{\lambda' n} \mathrm{e}^{-(\lambda-\varepsilon)n}) \mathrm{e}^{k\varepsilon} \|v_s\|$$

$$= \left(\sum_{n=0}^{+\infty} \mathrm{e}^{-n\varepsilon}\right) \mathrm{e}^{k\varepsilon} \|v_s\| < +\infty.$$

同理

$$\sum_{n=0}^{+\infty} \mathrm{e}^{\mu' n} \|D_x f^{-n}(v_u)\| < +\infty \quad (\text{见习题第 1 题}).$$

2. 在 Lyapunov 范数下 $f\colon \Lambda \to \Lambda$ 是一致双曲的.

设 $x \in \Lambda_k$, $v = v_u + v_s \in E_x^u \oplus E_x^s$. 则有

$$\|D_x f(v_s)\|' = \sum_{n=0}^{+\infty} \mathrm{e}^{\lambda' n} \|D_x f^{n+1}(v_s)\|$$

$$= \mathrm{e}^{-\lambda'} \sum_{n=0}^{+\infty} \mathrm{e}^{\lambda'(n+1)} \|D_x f^{n+1}(v_s)\|$$

$$= \mathrm{e}^{-\lambda'} \sum_{n=1}^{+\infty} \mathrm{e}^{\lambda' n} \|D_x f^n(v_s)\|$$

$$\leqslant \mathrm{e}^{-\lambda'} \sum_{n=0}^{+\infty} \mathrm{e}^{\lambda' n} \|D_x f^n(v_s)\|$$

$$= \mathrm{e}^{-\lambda'} \|v_s\|'.$$

同理可证

$$\|D_x f^{-1}(v_u)\|' \leqslant \mathrm{e}^{-\mu'} \|v_u\|'.$$

就范数 $\|\cdot\|'$ 而言 $f$ 在 Pesin 集 $\Lambda$ 上有一致 (不依赖于状态点 $x$) 的双曲率 $\mathrm{e}^{-\lambda'}$, $\mathrm{e}^{\mu'}$, 换言之 $f$ 在各 Pesin 块 $\Lambda_k$ 的双曲率相同.

3. 范数 $\|\cdot\|'$ 和 $\|\cdot\|$ 的关系.

$$\frac{1}{2}\|v\|_x \leqslant \|v\|'_x \leqslant C\mathrm{e}^{k\varepsilon} \|v\|_x, \quad v \in T_x M,\ x \in \Lambda_k, \tag{5.1}$$

其中 $C$ 为不依赖于 $k$ 的常数.

**证明**　先证明
$$\|v\|_x' \leqslant Ce^{k\varepsilon}\|v\|_x.$$
设 $v = v_s + v_u \in E_x^u \oplus E_x^s$. 不妨设 $\|v\|_x' = \|v_s\|_s$, 则

$$\begin{aligned}
\|v\|_x' = \|v_s\|_s &= \sum_{n=0}^{+\infty} e^{\lambda' n}\|D_x f^n(v_s)\| \\
&\leqslant \sum_{n=0}^{+\infty} e^{\lambda' n}\|D_x f^n\mid_{E_x^s}\|\|v_s\| \\
&\leqslant \sum_{n=0}^{+\infty} e^{\lambda' n}e^{-(\lambda-\varepsilon)n}e^{k\varepsilon}\|v\|_x \\
&= \left(\sum_{n=0}^{+\infty} e^{-n\varepsilon}\right)e^{k\varepsilon}\|v\|_x \\
&= Ce^{k\varepsilon}\|v\|_x,
\end{aligned}$$

这里 $C = \sum\limits_{n=0}^{+\infty} e^{-n\varepsilon}$.

再证明
$$\frac{1}{2}\|v\|_x \leqslant \|v\|_x'.$$
设 $v = v_s + v_u \in E_x^u \oplus E_x^s$, 则

$$\begin{aligned}
\|v\|^2 = <v_s + v_u, v_s + v_u> &= \|v_s\|^2 + \|v_u\|^2 + 2<v_s, v_u> \\
&\leqslant 2(\|v_s\|^2 + \|v_u\|^2).
\end{aligned}$$

但
$$\|v_s\| \leqslant \|v_s\|_s \leqslant \|v\|', \quad \|v_u\| \leqslant \|v_u\|_u \leqslant \|v\|'.$$
于是
$$\|v\|^2 \leqslant 4\|v\|'^2,$$
亦即
$$\frac{1}{2}\|v\| \leqslant \|v\|'. \qquad \qquad \square$$

关系式 (5.1) 说明, 在 Pesin 块 $\Lambda_k$ 上范数 $\|\cdot\|'$ 和 $\|\cdot\|$ 是等价的. 当 $k \to +\infty$ 时,

$$Ce^{k\varepsilon} \to +\infty,$$

两个范数的 "偏离" 程度随着 $k$ 增大而无界可控. 因此, 在整个 Pesin 集 $\Lambda = \bigcup_{k \geqslant 1} \Lambda_k$ 上两个范数不等价.

## §5.4 Pesin 集与双曲测度的正则点集

本节将指出, 双曲遍历测度存在意味着 Pesin 集存在. 事实上每个双曲遍历测度的正则点集 (Oseledets 吸引域) 都包含在 Pesin 集内.

**定理 5.4.1** 设 $f: M \to M$ 是紧 Riemann 流形上的 $C^1$ 微分同胚保持双曲测度 $m \in \mathcal{M}^*_{\mathrm{erg}}(M, f)$. 设 $m$ 有 $k$ 个 Lyapunov 指数

$$\lambda_1 > \lambda_2 > \cdots > \lambda_r > 0 > \lambda_{r+1} > \cdots > \lambda_k, \quad \text{其中 } k \leqslant \dim M.$$

取 $\mu = \lambda_r$, $\lambda = -\lambda_{r+1}$ 及正数 $\varepsilon > 0$ 满足 $\varepsilon \ll \lambda, \mu$. 则 Pesin 集 $\Lambda = \Lambda(\lambda, \mu, \varepsilon)$ 非空且 $m(\Lambda) = 1$.

**证明** 为使得符号简单且不失一般性仅对 $\dim M = 2$ 情形证明. 此时 $m$ 有两个 Lyapunov 指数

$$\lambda_1 > 0 > \lambda_2,$$

对应的丛分解为

$$TM = E^1 \oplus E^2.$$

设 $L(m)$ 为正则点集, 即 $m$ 全测度的 $f$ 不变集合使得每个点的 Lyapunov 指数存在:

$$\lim_{n \to +\infty} \frac{1}{n} \ln \|Df^n|_{E_x^i}\| = \lambda_i, \quad i = 1, 2, \ x \in L(m).$$

两个子丛的夹角满足 (参见定理 2.1.9 或文献 [9] Theorem S.2.9)

$$\lim_{n \to +\infty} \frac{1}{n} \ln |\sin \angle(E^1_{f^n(x)}, E^2_{f^n(x)})| = 0, \quad x \in L(m).$$

取

$$\lambda = -\lambda_2, \quad \mu = \lambda_1,$$

并任意取 $\varepsilon \ll \lambda$, $\mu$, 则按定义 5.2.1 可给出 Pesin 集

$$\Lambda = \bigcup_{k \geqslant 1} \Lambda_k(\lambda, \mu, \varepsilon).$$

设 $x \in L(m)$, 我们将寻找 $k$ 使得

$$x \in \Lambda_k(\lambda, \mu, \varepsilon).$$

为此取

$$E_x^u = E_x^1, \quad E_x^s = E_x^2, \quad x \in L(m).$$

则

$$T_{L(m)}M = E^u \oplus E^s$$

为 $Df$ 不变的子丛分解. 下面的证明我们分步完成.

**第一步**　对 $x \in L(m)$, 因为

$$\lim_{n \to +\infty} \frac{1}{n} \ln \|Df^n\|_{E_x^s}\| = \lambda_2,$$

存在 $N(x)$, 使得当 $n \geqslant N(x)$ 时有

$$\mathrm{e}^{(\lambda_2-\varepsilon)n} \leqslant \|D_x f^n\|_{E_x^s}\| \leqslant \mathrm{e}^{(\lambda_2+\varepsilon)n},$$

其中 $\varepsilon \ll \lambda$, $\mu$ 如定理的题设.

取 $C(x)$ 为满足下列不等式的最小者

$$\frac{1}{C(x)}\mathrm{e}^{(\lambda_2-\varepsilon)n} \leqslant \|D_x f^n\|_{E_x^s}\| \leqslant C(x)\mathrm{e}^{(\lambda_2+\varepsilon)n}, \quad n \geqslant 1.$$

**第二步**　设 $m, n > 0$. 一方面

$$\begin{aligned}
\|Df^n\|_{E_{f^m(x)}^s}\| &= \frac{\|Df^{m+n}\|_{E_x^s}\|}{\|Df^m\|_{E_x^s}\|} \\
&\leqslant \frac{C(x)\mathrm{e}^{-(\lambda-\varepsilon)(n+m)}}{\frac{1}{C(x)}\mathrm{e}^{-(\lambda+\varepsilon)m}} \\
&= C(x)^2\mathrm{e}^{-(\lambda-\varepsilon)n}\mathrm{e}^{2m\varepsilon}.
\end{aligned}$$

另一方面

$$\|Df^n\,|_{E^s_{f^m(x)}}\| = \frac{\|Df^{m+n}\,|_{E^s_x}\|}{\|Df^m\,|_{E^s_x}\|}$$

$$\geqslant \frac{\frac{1}{C(x)}\mathrm{e}^{-(\lambda+\varepsilon)(m+n)}}{C(x)\mathrm{e}^{-(\lambda-\varepsilon)m}}$$

$$= \frac{1}{C(x)^2}\mathrm{e}^{-(\lambda+\varepsilon)n}\mathrm{e}^{-2m\varepsilon}.$$

故

$$C(f^m(x)) \leqslant C(x)^2(\mathrm{e}^{m\varepsilon})^2.$$

对 $m \leqslant 0,\ n > 0$ 可做类似讨论得到不等式

$$C(f^m(x)) \leqslant C(x)^2(\mathrm{e}^{|m|\varepsilon})^2.$$

取 $k$ 充分大, 使得

$$C(x)^2 \leqslant \mathrm{e}^{k\varepsilon},$$

则

$$\|Df^n\,|_{E^s_{f^m(x)}}\| \leqslant \mathrm{e}^{k\varepsilon}\mathrm{e}^{-(\lambda-\varepsilon)n}\mathrm{e}^{2|m|\varepsilon}.$$

令 $\varepsilon' = 2\varepsilon$, 则

$$\|Df^n\,|_{E^s_{f^m(x)}}\| \leqslant \mathrm{e}^{k\varepsilon'}\mathrm{e}^{-(\lambda-\varepsilon')n}\mathrm{e}^{|m|\varepsilon'}.$$

对 $E^u$ 可做类似的讨论, 不妨假设取得的 $\varepsilon'$ 还满足

$$\|Df^{-n}\,|_{E^u_{f^m(x)}}\| \leqslant \mathrm{e}^{k\varepsilon'}\mathrm{e}^{-(\mu-\varepsilon')n}\mathrm{e}^{|m|\varepsilon'}.$$

从这些讨论看, 我们取的 $\varepsilon$ 需要满足

$$2\varepsilon < \min\{\lambda,\ \mu\}$$

即可.

**第三步** 因为

$$\lim_{n\to+\infty}\frac{1}{n}\ln|\sin\angle(E^s_{f^n(x)}, E^u_{f^n(x)})| = 0,$$

对于第二步给定的 $\varepsilon > 0$, 则存在 $N(x)$, 使得当 $n \geqslant N(x)$ 时

$$r(f^n(x)) \triangleq |\sin\angle(E^s_{f^n(x)}, E^u_{f^n(x)})| \geqslant e^{-n\varepsilon}.$$

取 $B(x)$ 为满足下式的最大者

$$r(f^n(x)) \geqslant B(x)e^{-n\varepsilon}, \quad \forall n \geqslant 1. \tag{5.2}$$

在 (5.2) 式中用 $f^m(x)$ 替代 $x$ 有

$$r(f^{n+m}(x)) \geqslant B(f^m(x))e^{-n\varepsilon}, \quad \forall n \geqslant 1.$$

在 (5.2) 式中用 $m+n$ 替代 $n$ 有

$$r(f^{n+m}(x)) \geqslant B(x)e^{-(m+n)\varepsilon} = B(x)e^{-m\varepsilon}e^{-n\varepsilon}, \quad \forall n \geqslant 1.$$

故

$$B(f^m(x)) \geqslant B(x)e^{-m\varepsilon}.$$

取 $k$ 充分大, 使得

$$B(x) \geqslant e^{-k\varepsilon}.$$

则

$$r(f^n(x)) = |\sin\angle(E^s_{f^n(x)}, E^u_{f^n(x)})| \geqslant e^{-k\varepsilon}e^{-n\varepsilon}.$$

取第二步和第三步里最大的 $k$, 则有

$$x \in \Lambda_k(\lambda, \mu, \varepsilon).$$

总之, $L(m) \subset \Lambda(\lambda, \mu, \varepsilon) = \Lambda$ 进而 $m(\Lambda) = 1$. □

## §5.5  Pesin 集中点的邻域之形变

设 $x$ 属于 Pesin 集 $\Lambda = \bigcup_{k \geqslant 1} \Lambda_k$, 则存在 $k$ 使得 $x \in \Lambda_k$. $D_x f$ 具有一定程度的双曲性态, 双曲程度随 $k$ 变化. 我们将把这双曲性态延展到 $x$ 的一个小邻域上, 这种邻域随着 $k$ 变化, 即 $k$ 越大双曲程度越小邻域

越小. 本节我们要求 $f: M \to M$ 为紧 Riemann 流形上的 $C^{1+\alpha}$ 微分同胚, 其中 $\alpha > 0$ 是常数. 注意, 本章到目前为止, 只要求 $f$ 是 $C^1$ 微分同胚即可.

设

$$\Lambda = \Lambda(\lambda, \mu, \varepsilon) = \bigcup_{k \geqslant 1} \Lambda_k$$

为 Pesin 集, $\|\cdot\|$ 为 Riemann 范数, $\|\cdot\|'$ 为 Lyapunov 范数.

取定 $x \in \Lambda_k$, 分三步来讨论局部形变:

(1) 在 $x$ 的小邻域 $U \subset M$ 中将切丛平凡化, 即设

$$T_U M = U \times \mathbb{R}^d.$$

为方便我们记

$$d(x, y) = |x - y|.$$

因为 $x \in \Lambda_k$, 则

$$T_x M = E_x^s \oplus E_x^u$$

上有 Lyapunov 范数 $\|\cdot\|'_x$. 因 $f(x) \in \Lambda_{k+1}$, 在

$$T_{f(x)} M = E_{f(x)}^s \oplus E_{f(x)}^u$$

上也有 Lyapunov 范数 $\|\cdot\|'_{f(x)}$.

任取 $y \in U, v \in T_y M$, 利用恒同表示

$$T_U M = U \times \mathbb{R}^d$$

可以把向量 $v$ 转换为对应向量 $\bar{v} \in T_x M$. 我们把 $T_x M$ 上的 Lyapunov 范数搬到 $T_y M$ 上来, 即定义

$$\|v\|''_y := \|\bar{v}\|'_x.$$

这样, 我们定义了新范数

$$\|\cdot\|'': T_U M \to \mathbb{R}.$$

对上面取定的 $x \in \Lambda_k$ 点的切空间 $T_x M$ 而言, 范数 $\|\cdot\|''$ 和 $\|\cdot\|'$ 相同, 其他点 $y \in U$ 无论是否属于 Pesin 集都借用 $x$ 点的范数 $\|\cdot\|'_x$.

同理可取 $f(x) \in \Lambda_{k+1}$ 的一个小开邻域 $V$, 借用 $\|\cdot\|'_{fx}$ 可对 $z \in V$ 在 $T_z M$ 上定义范数 $\|\cdot\|''_z$. 这样在 $T_V M$ 上定义了新范数 $\|\cdot\|''$.

当 $y \in U$ 时我们用恒同

$$T_U M = U \times \mathbb{R}^d$$

把分解

$$T_x M = E_x^s \oplus E_x^u$$

转移为 $T_y M$ 的新分解

$$T_y M = E_y^{s'} \oplus E_y^{u'}, \quad \forall y \in U.$$

同理对 $z \in V$ 的切空间 $T_z M$ 可以定义新分解.

(2) 在范数 $\|\cdot\|''$ 下确定 $Df$ 的形变. 仅以 $(y, v) \in E_y^{s'}$ 情形介绍 (而 $E_y^{u'}$ 的情形类似).

因 $x \in \Lambda_k$ 则 $f(x) \in \Lambda_{k+1}$. 注意到 Lyapunov 度量下 $f : \Lambda \to \Lambda$ 是一致双曲的, Lyapunov 度量和 Riemann 度量有关系式 (5.1), 以及 $f$ 的 $C^{1+\alpha}$ 假设条件, 我们有

$$
\begin{aligned}
\|D_y f(v)\|''_{f(y)} &= \|D_y f(\overline{v})\|'_{f(x)} \\
&= \|D_x f(\overline{v}) + D_y f(\overline{v}) - D_x f(\overline{v})\|'_{f(x)} \\
&\leqslant \|D_x f(\overline{v})\|'_{f(x)} + \|D_y f(\overline{v}) - D_x f(\overline{v})\|'_{f(x)} \\
&\leqslant \mathrm{e}^{-\lambda'} \|\overline{v}\|'_x + C \mathrm{e}^{\varepsilon(k+1)} \|D_y f(\overline{v}) - D_x f(\overline{v})\|_{f(x)} \\
&\leqslant \mathrm{e}^{-\lambda'} \|\overline{v}\|'_x + C \mathrm{e}^{\varepsilon(k+1)} K \|\overline{v}\|_x |y - x|^\alpha \quad (\text{因 } C^{1+\alpha}) \\
&\leqslant (\mathrm{e}^{-\lambda'} + 2C \mathrm{e}^{\varepsilon(k+1)} K |y - x|^\alpha) \|\overline{v}\|'_x \\
&= (\mathrm{e}^{-\lambda'} + 2C \mathrm{e}^{\varepsilon(k+1)} K |y - x|^\alpha) \|v\|''_y.
\end{aligned}
$$

(3) 取 $0 < \lambda'' < \lambda'$, 令

$$\varepsilon_k^s = \min \left\{ 1, \left( \frac{\mathrm{e}^{-\lambda''} - \mathrm{e}^{-\lambda'}}{2C \mathrm{e}^{\varepsilon(k+1)} K} \right)^{\frac{1}{\alpha}} \right\}.$$

则当 $|y - x| < \varepsilon_k^s$ 时,

$$\mathrm{e}^{-\lambda'} + 2C\mathrm{e}^{\varepsilon(k+1)}K|y-x|^\alpha \leqslant \mathrm{e}^{-\lambda'} + \mathrm{e}^{-\lambda''} - \mathrm{e}^{-\lambda'} = \mathrm{e}^{-\lambda''}.$$

于是有

$$\|D_y f(v)\|''_{f(y)} \leqslant \mathrm{e}^{-\lambda''}\|v\|''_y, \quad \forall v \in E_y^{s'}.$$

类似地, 对 $E^u$ 取 $0 < \mu'' < \mu'$ 并取 $\varepsilon_k^u$ 使得当 $|y - x| < \varepsilon_k^u$ 时,

$$\|D_y f^{-1}(w)\|''_{f^{-1}(y)} \leqslant \mathrm{e}^{-\mu''}\|w\|''_y, \quad \forall w \in E_y^{u'}.$$

故在 $x \in \Lambda_k$ 附近依范数 $\|\cdot\|''$, 则 $f$ 是双曲映射.

取

$$\varepsilon_k = \min\{\varepsilon_k^s, \varepsilon_k^u\}.$$

**注 5.5.1** 不妨假定 $\varepsilon_k = \varepsilon_k^s$ 并假定

$$\varepsilon_k^s = \left(\frac{\mathrm{e}^{-\lambda''} - \mathrm{e}^{-\lambda'}}{2C\mathrm{e}^{\varepsilon(k+1)}K}\right)^{\frac{1}{\alpha}}.$$

则

$$\varepsilon_k = \left(\frac{\mathrm{e}^{-\lambda''} - \mathrm{e}^{-\lambda'}}{2C\mathrm{e}^\varepsilon K}\right)^{\frac{1}{\alpha}} \mathrm{e}^{-k\frac{\varepsilon}{\alpha}} = \varepsilon_0 \mathrm{e}^{-k\frac{\varepsilon}{\alpha}},$$

其中 $\varepsilon_0 = \left(\dfrac{\mathrm{e}^{-\lambda''} - \mathrm{e}^{-\lambda'}}{2C\mathrm{e}^\varepsilon K}\right)^{\frac{1}{\alpha}}$. 用 $\varepsilon$ 表示 $\dfrac{\varepsilon}{\alpha}$, 则有

$$\varepsilon_k = \varepsilon_0 \mathrm{e}^{-k\varepsilon}.$$

**注 5.5.2** 因为 $\Lambda_k$ 紧致, 每个点 $x \in \Lambda_k$ 的开邻域 $U$ 可以取相同的尺寸. 由推导过程看出, $\varepsilon_k$ 可以做为 $\Lambda_k$ 上所有点公用的 "双曲邻域" 的半径. 故在 $\|\cdot\|''$ 下, $\Lambda_k$ 上各点有一致的 "双曲邻域" 尺寸.

我们把上面推证总结为以下命题:

**命题 5.5.3** 设 $f: M \to M$ 是紧 Riemann 流形 $M$ 的 $C^{1+\alpha}$ 微分同胚, 具有 Pesin 集

$$\Lambda = \Lambda(\lambda, \mu, \varepsilon) = \bigcup_{k \geqslant 1} \Lambda_k.$$

则存在 $0 < \lambda'' < \lambda' < \lambda$, $0 < \mu'' < \mu' < \mu$ 和 $\varepsilon_0 > 0$, 满足下列性质:

令 $\varepsilon_k = \varepsilon_0 \mathrm{e}^{-k\varepsilon}$. 任意给定点 $x \in \Lambda_k$. 则对于 $\forall y \in B(x, \varepsilon_k)$ 有分解

$$T_y M = E_y^{s'} \oplus E_y^{u'},$$

满足

$$\|D_y f(v_s)\|_{f(y)}'' \leqslant \mathrm{e}^{-\lambda''} \|v_s\|_y'', \quad v_s \in E_y^{s'},$$
$$\|D_y f^{-1}(v_u)\|_{f^{-1}(y)}'' \leqslant \mathrm{e}^{-\mu''} \|v_u\|_y'', \quad v_u \in E_y^{u'}.$$

Luapunov 范数 $\|\cdot\|'$ 是 Pesin 集 $\Lambda = \bigcup\limits_{k \geqslant 1} \Lambda_k$ 上的范数, 在此范数下 $f\colon \Lambda \to \Lambda$ 转化为一致双曲系统. 将每个点 $x \in \Lambda_k$ 的范数 $\|\cdot\|'$ 搬到邻域 $B(x, \varepsilon_k)$ 上得到范数 $\|\cdot\|''$. 这种邻域随着 $k$ 变大而指数级别的变小, 即 $\varepsilon_{k+1} = \mathrm{e}^{-\varepsilon} \varepsilon_k$. 在这样的邻域上 $f$ 是双曲的, 且双曲率 $\mathrm{e}^{-\lambda''}$, $\mathrm{e}^{-\mu''}$ 独立于 $k$. 这种依赖于范数 $\|\cdot\|'$ 和 $\|\cdot\|''$ 的双曲性将有助于一些问题的讨论详见第六章.

## §5.6　非一致双曲系统的例子

本节我们从一致双曲的环面自同构出发, 经过 "降低速度" 的办法给出一个非一致双曲的系统.

### 5.6.1　例子的构造

用

$$\rho \colon \mathbb{R} \times \mathbb{R} \to \mathbb{T}^2 = \mathbb{S}^1 \times \mathbb{S}^1,$$
$$(x_1, x_2) \mapsto (\mathrm{e}^{2\pi \mathrm{i} x_1}, \mathrm{e}^{2\pi \mathrm{i} x_2})$$

表述平面到环面的投射. 考虑线性映射

$$A = \begin{bmatrix} 2 & 1 \\ 1 & 1 \end{bmatrix} \colon \mathbb{R}^2 \to \mathbb{R}^2.$$

取

$$T \colon \mathbb{T}^2 \to \mathbb{T}^2$$

使得 $\rho \circ A = T \circ \rho$, 则 $T$ 叫作环面上的 Anosov 微分同胚. 这就是例 5.1.2, 是一个一致双曲的系统. $(0,0)$ 显然是不动点. $A$ 的两个特征值是 $\lambda$ 和 $\lambda^{-1}$, 其中 $\lambda = \dfrac{3 + \sqrt{5}}{2}$.

考虑一个函数 $\psi \colon [0,1] \to [0 + \infty)$ 满足下列性质:

(1) $\psi$ 在原点之外是 $C^\infty$ 函数;

(2) $\psi(0) = 0$ 且存在 $0 < r_0 < 1$, 使得 $\psi(u) = 1, u \geqslant \dfrac{r_0}{2}$;

(3) $\psi'(u) > 0, 0 < u < \dfrac{r_0}{4}$;

(4) 瑕积分收敛:
$$\int_0^1 \frac{\mathrm{d}u}{\psi(u)} < \infty.$$

考虑 $\mathbb{T}^2$ 上以原点 $0 = (0,0)$ 为中心以 $r > 0$ 半径的圆盘 $D_r$. 在 $D_r$ 上建立坐标系: $0$ 为原点, $\lambda$ 的特征方向 $E^u$ 和 $\lambda^{-1}$ 的特征方向 $E^s$ 为坐标轴, 其坐标分别用 $s_1$ 和 $s_2$ 表示. 在此坐标系下给出表述如下:
$$D_r = \{(s_1, s_2) \mid s_1^2 + s_2^2 \leqslant r^2\}.$$

自治微分方程
$$\begin{cases} \dot{s_1} = s_1 \ln \lambda, \\ \dot{s_2} = -s_2 \ln \lambda \end{cases}$$

的解形成一个流
$$(s_1(t), s_2(t)) = \left( c_1 \lambda^t, c_2 \left( \frac{1}{\lambda} \right)^t \right).$$

Anosov 微分同胚 $T$ 恰是流的时间 1 映射
$$(s_1(1), s_2(1)) = \left( c_1 \lambda, c_2 \frac{1}{\lambda} \right).$$

设 $0 < \dfrac{r_0}{2} < r_1 < r_0$, 并在 $D_{r_1}$ 上考虑自治微分方程
$$\begin{cases} \dot{s_1} = s_1 \psi(s_1^2 + s_2^2) \ln \lambda, \\ \dot{s_2} = -s_2 \psi(s_1^2 + s_2^2) \ln \lambda \end{cases}$$

的流的时间 1 映射 $g$. 我们选择的 $\psi$ 保证了

$$g(D_{r_2}) \subset D_{r_1}$$

对某个 $r_2 < r_1$ 成立, 保证了 $g$ 在 $D_{r_1} \setminus \{0\}$ 上是 $C^\infty$ 的, 也保证了 $g$ 在边界 $\partial D_{r_1}$ 的某个邻域内和 $T$ 是恒同的. 于是我们可以定义映射

$$G(x) = \begin{cases} T(x), & x \in \mathbb{T}^2 \setminus D_{r_1}, \\ g(x), & x \in D_{r_1}, \end{cases}$$

这是一个在整个 $\mathbb{T}^2$ 上定义的映射, 在原点之外它是 $C^\infty$ 微分同胚. 映射 $G$ 是映射 $T$ 在原点 0 附近的降速 (slow down) 映射, 如图 5.1 所示.

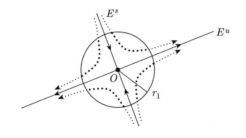

**图 5.1　降速**

将 $A\colon \mathbb{R}^2 \to \mathbb{R}^2$ 的特征值 $\lambda$ 和 $\lambda^{-1}$ 的特征子空间用 $\rho$ 向 $\mathbb{T}^2$ 做的投影分别记成 $W^u$ 和 $W^s$. 记

$$W = W^u \cup W^s,$$

则 Anosov 理论告诉我们 $W$ 在 $\mathbb{T}^2$ 中是个稠密集合, 参见文献 [20].

### 5.6.2　性质

设 $m$ 是面积测度 (Lebesgue 测度), 并考虑一个绝对连续的概率测度

$$\mathrm{d}\nu = \kappa_0^{-1} \kappa \mathrm{d}m.$$

其中 $\kappa$ 是一个正函数在原点 0 处是无穷, 它的定义如下

$$\kappa(s_1, s_2) = \begin{cases} \psi(s_1^2 + s_2^2)^{-1}, & (s_1, s_2) \in D_{r_1} \\ 1, & \text{其他情形,} \end{cases}$$

而

$$\kappa_0 = \int_{\mathbb{T}^2} \kappa \, \mathrm{d}m.$$

记

$$X = \mathbb{T}^2 \setminus W.$$

**定理 5.6.1** 下列事实成立:

(1) 对于任意给定点 $x \in W$ 至少一个 Lyapunov 指数为 0;

(2) $G$ 保持遍历测度 $\nu$;

(3) 对于任意给定点 $x \in X$ 其两个 Lyapunov 指数均非 0;

(4) $\nu(X) = 1$, $G(X) = X$.

定理 5.6.1 的证明参见文献 [8].

定理 5.6.1(1) 说明 $G: T^2 \to T^2$ 不是一致双曲系统. (2)—(4) 条说明 $(G, \nu)$ 是双曲遍历测度, 是非一致双曲系统.

故在环面上存在微分同胚 $G$, 它保持一个双曲的绝对连续的测度. 在高维流形上有类似的结论[6].

**定理 5.6.2** 任意给定维数大于 1 的紧致光滑 Riemmann 流形 $M$, 存在一个保持体积 $m$ (Lebesgue 测度) 的 $C^\infty$ 微分同胚 $f: M \to M$ 使得 $m$ 是双曲测度.

## §5.7 习 题

1. 设 $\Lambda = \Lambda(\lambda, \mu, \varepsilon)$ 是 Pesin 集, 设 $\mu' = \mu - 2\varepsilon$. 则对于 $x \in \Lambda$ 和分解 $T_x M = E_x^s \oplus E_x^u$ 有

$$\sum_{n=0}^{+\infty} \mathrm{e}^{\mu' n} \|D_x f^{-n}(v_u)\| < +\infty, \quad v_u \in E_x^u.$$

2. 设 $\Lambda = \Lambda(\lambda, \mu, \varepsilon) = \bigcup_{k \geqslant 1} \Lambda_k$ 是 Pesin 集, 设 $\mu' = \mu - 2\varepsilon$. 则对于

$x \in \Lambda_k$, $v = v_s + v_u \in E_x^s \oplus E_x^u$ 有

$$\|D_x f^{-1}(v_u)\|_x' \leqslant \mathrm{e}^{-\mu'} \|v_u\|.$$

# 第 6 章 周 期 点

本章在非一致双曲系统的 Pesin 集合上, 建立跟踪性质 (shadowing property), 封闭性质 (closing property) 和碎轨道跟踪性质 (specification property). 利用这些性质可证明周期轨道的存在性, 证明周期轨道的原子测度逼近不变测度, 证明原子测度的 Lyapunov 指数逼近不变测度的 Lyapunov 指数.

## §6.1  Pesin 集的 Lyapunov 邻域

### 6.1.1  Pesin 集结论回顾

设 $f\colon M \longrightarrow M$ 为紧致光滑 Riemann 流形上的 $C^{1+\alpha}$ 微分同胚具有 Pesin 集

$$\Lambda = \Lambda(\lambda, \varepsilon, \mu) = \bigcup_{k \geqslant 1} \Lambda_k(\lambda, \mu, \varepsilon),$$

其中 $\lambda, \mu \gg \varepsilon > 0$. 令

$$\lambda' = \lambda - 2\varepsilon, \quad \mu' = \mu - 2\varepsilon$$

并用 $\|\cdot\|'$ 表示在 Pesin 集 $\Lambda$ 上的 Lyapunov 范数.

**命题 6.1.1**  (1) 设 $x \in \Lambda_k$, 设 $T_x M = E_x^s \oplus E_x^u$ 为相应的切空间分解, 则

(a) $\|D_x f\mid_{E_x^s}\|' \leqslant \mathrm{e}^{-\lambda'}, \|D_x f^{-1}\mid_{E_x^u}\|' \leqslant \mathrm{e}^{-\mu'}$.

(b) $\exists C > 0$, 使得

$$\frac{\|\cdot\|}{2} \leqslant \|\cdot\|' \leqslant C\mathrm{e}^{k\varepsilon}\|\cdot\|.$$

(2) 存在 $0 < \lambda'' < \lambda'$, $0 < \mu'' < \mu'$, $\varepsilon_0 > 0$ 和 $\varepsilon_k = \varepsilon_0 \mathrm{e}^{-k\varepsilon}$ (如命题 5.5.3) 满足下列性质:

设 $x \in \Lambda_k$, 则对于 $\forall y \in B(x, \varepsilon_k)$, 有分解 $T_y M = E_y^{s'} \oplus E_y^{u'}$ 满足

$$\|D_y f(v_s)\|''_{f(y)} \leqslant \mathrm{e}^{-\lambda''} \|v_s\|''_y, \quad v_s \in E_y^{s'},$$
$$\|D_y f^{-1}(v_u)\|''_{f^{-1}(y)} \leqslant \mathrm{e}^{-\mu''} \|v_u\|''_y, \quad v_u \in E_y^{u'}.$$

命题 6.1.1 的结果都在上一章证明过.

总之, 使用范数 $\|\cdot\|'$ 则 $f$ 在 Pesin 集上展现一致双曲性态, 使用范数 $\|\cdot\|''$ 则 $f$ 在 Pesin 集的每个点 $x \in \Lambda_k$ 的小邻域中展现一致双曲性态, 这种邻域随着 $k$ 变大而变小.

### 6.1.2　Pesin 集的 Lyapunov 邻域

**定义 6.1.2**　设 $f: M \longrightarrow M$ 为紧致光滑 Riemann 流形上的 $C^{1+\alpha}$ 微分同胚具有 Pesin 集

$$\Lambda = \Lambda(\lambda, \varepsilon, \mu) = \bigcup_{k \geqslant 1} \Lambda_k(\lambda, \mu, \varepsilon).$$

设 $x \in \Lambda_k(\lambda, \mu, \varepsilon)$, 设 $T_x M = E_x^s \oplus E_x^u$ 为相应的切空间分解. 设 $\varepsilon_k = \varepsilon_0 \mathrm{e}^{-k\varepsilon}$ 如命题 6.1.1, 用 $(-b, b)E_x^s$ 表示集合 $\{v \in E_x^s; \|v\|' < b\}$, 用 $(-b, b)E_x^u$ 表示集合 $\{v \in E_x^u; \|v\|' < b\}$, 则 $x$ 点的以 $2\eta\varepsilon_k$ 为边长的 Lyapunov 邻域 $L(x, \eta\varepsilon_k)$ 指矩形

$$(-\eta\varepsilon_k, \eta\varepsilon_k)E_x^s \oplus (-\eta\varepsilon_k, \eta\varepsilon_k)E_x^u$$

经指数映射 $\exp_x$ 到 $M$ 上的像, 这里 $0 < \eta < 1$ 使得

$$\exp_x: \{u \in T_x M \mid \|u\| \leqslant \eta\} \rightarrow M$$

是到像集合的微分同胚且 $\|\exp_x\| = 1, \forall x \in M$. 在不会引起奇异时, 我们也可以记

$$L(x, \eta\varepsilon_k) = (-\eta\varepsilon_k, \eta\varepsilon_k)E_x^s \oplus (-\eta\varepsilon_k, \eta\varepsilon_k)E_x^u.$$

我们对定义做解释:

1. 以点 $x \in \Lambda_k$ 的切空间的分解当作附近点的切空间分解, 将 $x$ 点的切向量的 Lyapunov 范数 $\|\cdot\|'$ 当作附近点的相应切向量的范数 $\|\cdot\|''$,

形成平凡化了的切丛上的小矩形. 指数映射 $\exp_x$ 将小矩形映为流形 $M$ 的子集, 叫作 $x$ 点的 Lyapunov 邻域.

2. 当 $l = \dim E_x^s, n = \dim E_x^u, l + n = \dim M$ 时,

$$L(x, \eta\varepsilon_k) \overset{\text{同构}}{\approx} D^l \times D^n,$$

其中 $D$ 指实轴上包含原点的一个长度很小的对称的开区间. 特别地, 如果 $\dim M = 2$, 则 $\dim E_x^s = \dim E_x^u = 1$, 进而

$$L(x, \eta\varepsilon_k) \overset{\text{同构}}{\approx} \text{平面矩形}.$$

如图 6.1 所示.

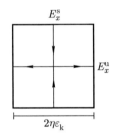

**图 6.1  Lyapunov 邻域**

**引理 6.1.3**  设 $x \in \Lambda_k$, $0 < \eta < 1$, 则:

(1) $fL(x, \eta\varepsilon_k)$ 与 $L(f(x), \eta\varepsilon_{k+1})$ 横截相交 (如图 6.1.2(a) 所示);

(2) $fL(x, \eta\varepsilon_k)$ 与 $L(f(x), \eta\varepsilon_k)$ 横截相交 (如图 6.1.2(b) 所示);

(3) $fL(x, \eta\varepsilon_k)$ 与 $L(f(x), \eta\varepsilon_{k-1})$ 横截相交 (如图 6.1.2(c) 所示).

**证明**  取自然坐标, 即把 $E_x^u$, $E_{f(x)}^u$ 取成横坐标而把 $E_x^s$, $E_{f(x)}^s$ 取成纵坐标. 则 Lyapunov 邻域

$$L(x, \eta\varepsilon_k) = (-\eta\varepsilon_k, \eta\varepsilon_k)E_x^u \oplus (-\eta\varepsilon_k, \eta\varepsilon_k)E_x^s$$

在坐标下表示为

$$L(x, \eta\varepsilon_k) = \{(a, b) \mid |a|, |b| < \eta\varepsilon_k\}.$$

同样的,

$$L(f(x), \eta\varepsilon_{k+1}) = (-\eta\varepsilon_{k+1}, \eta\varepsilon_{k+1})E^u_{f(x)} \oplus (-\eta\varepsilon_{k+1}, \eta\varepsilon_{k+1})E^s_{f(x)}$$

在坐标下表示为

$$L(f(x), \eta\varepsilon_{k+1}) = \{(c,d) \mid |c|, |d| < \eta\varepsilon_{k+1}\}.$$

在这样的局部坐标系下, $f(0,0) = (0,0)$. 现在我们看原像点 $(a,b) \in L(x, \eta\varepsilon_k)$ 和像点 $(c,d)$ (即 $f(a,b) = (c,d)$) 之间的关系. 取 $v^s_x \in E^s_x$ 使得 $|b| = \|v^s_x\|''$, 取 $|d| = \|Df v^s_x\|''$, 则

$$|d| = \|Df v^s_x\|'' \leqslant e^{-\lambda''}\|v^s_x\|'' = |b|e^{-\lambda''} \leqslant \eta\varepsilon_k e^{-\lambda''} < \eta\varepsilon_k e^{-\varepsilon} = \eta\varepsilon_{k+1}.$$

取 $v^u_x \in E^u_x$ 并令 $|a| = \|v^u_x\|''$, 取 $v^u_{fx} \in E^u_{fx}$ 使得 $Df v^u_x = v^u_{f(x)}$, 并令 $|c| = \|v^u_{f(x)}\|''$, 则

$$|a| = \|v^u_x\|'' = \|Df^{-1}v^u_{f(x)}\|'' \leqslant e^{-\mu''}\|v^u_{f(x)}\|'' = |c|e^{-\mu''}.$$

特别地, 取 $a = \pm\eta\varepsilon_k$, 有

$$|c| \geqslant |a|e^{\mu''} = \eta\varepsilon_k e^{\mu''} > \eta\varepsilon_k e^{-\varepsilon} = \eta\varepsilon_{k+1}.$$

故

　　$fL(x, \eta\varepsilon_k)$ 的 "上下边界" 之距 $< \eta\varepsilon_{k+1}$;

　　$fL(x, \eta\varepsilon_k)$ 的 "左右边界" 之距 $> \eta\varepsilon_{k+1}$.

进而 $fL(x, \eta\varepsilon_k)$ 与 $L(f(x), \eta\varepsilon_k)$ 横截相交. 于是 (1) 得证.

　　上面推导也给出, $\|Df v^s_x\|'' \leqslant \eta\varepsilon_k e^{-\lambda''} < \eta\varepsilon_k$, $\|v^u_{f(x)}\|'' \geqslant \eta\varepsilon_k e^{\mu''} > \eta\varepsilon_k$, 其中 $v^u_{f(x)} = Df v^u_x, \|v^u_x\| = \eta\varepsilon_k$. 则 $fL(x, \eta\varepsilon_k)$ 与 $L(f(x), \eta\varepsilon_k)$ 横截相交, (2) 得证.

　　又注意到 $\|Df v^s_x\|'' \leqslant \eta\varepsilon_k e^{-\lambda''} < \eta\varepsilon_k < \eta\varepsilon_{k-1}$, $\|v^u_{f(x)}\|'' \geqslant \eta\varepsilon_k e^{\mu''} = \eta\varepsilon_{k-1}e^{-\varepsilon}e^{\mu''} > \eta\varepsilon_{k-1}$, 这里 $v^u_{f(x)} = Df v^u_x, \|v^u_x\| = \eta\varepsilon_k$. 则 $fL(x, \eta\varepsilon_k)$ 与 $L(f(x), \eta\varepsilon_{k-1})$ 横截相交, (3) 得证. □

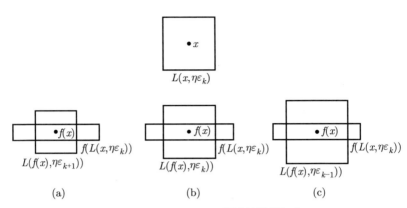

图 6.2　**Lyapunov 邻域的横截相交**

## §6.2　双曲系统的跟踪引理与封闭引理

设 $f: M \to M$ 为紧致 Riemann 流形上的 $C^1$ 微分同胚. 非游荡集定义为

$$\Omega(f) = \{x \in M \mid \text{对 } x \text{ 的任意开邻域 } U, \text{ 存在正整数 } n, \text{使得 } f^{-n}U \cap U \neq \emptyset\}.$$

$\Omega(f)$ 中的点叫作非游荡点. $\Omega(f)$ 是紧致的 $f$ 不变集 (参见习题). 用 $P(f)$ 记 $f$ 的所有周期点的集合, 即

$$P(f) = \{x \in M \mid \exists\, n \geqslant 1, \text{ s.t. } f^n(x) = x\}.$$

**定义 6.2.1**　称 $f: M \to M$ 为**公理 A 系统**, 如果:
(1) $\overline{P(f)} = \Omega(f)$;
(2) $f: \Omega \to \Omega$ 是一致双曲系统.

环面双曲自同构即例子 5.1.2 是公理 A 的. 事实上任意有理点 $\left(\dfrac{p_1}{q_1}, \dfrac{p_2}{q_2}\right)$ 都是 $f$ 的周期点 (思考题), 因而 $\overline{P(f)} = \Omega(f) = M$.

**定义 6.2.2 (跟踪性质)**　设 $\delta > 0$, 称 $\{x_n\}_{n=-\infty}^{+\infty} \subset M$ 为 $f$ 的 $\delta$ 伪轨, 如果对任意 $n$ 有

$$d(f(x_n), x_{n+1}) < \delta;$$

称 $y$ 为 $\delta$ 伪轨 $\{x_n\}_{n=-\infty}^{+\infty}$ 的 $\varepsilon$ 跟踪点, 如果对任意 $n \in \mathbb{Z}$ 有

$$d(f^n y, x_n) < \varepsilon;$$

称系统 $(M, f)$ 具有跟踪性质, 如果 $\forall \varepsilon > 0, \exists \delta > 0$ 使任意的 $\delta$ 伪轨都有 $\varepsilon$ 跟踪点.

如果取 $\varepsilon \geqslant \mathrm{diam}(M)$, 则每个状态点都可以 $\varepsilon$ 跟踪任何伪轨道, 这样的跟踪没有意义. 定义 6.2.2 的跟踪性质关心的是任意小 $\varepsilon$ 跟踪点的存在问题.

**定理 6.2.3 (跟踪引理)**  设 $C^1$ 微分同胚 $f : M \to M$ 是公理 A 系统, 则 $(\Omega, f)$ 有跟踪性质. 进一步存在 $\varepsilon_0 > 0$ 具有如下性质: 对任意 $0 < \varepsilon < \varepsilon_0$, 存在 $\delta > 0$ 使得每个 $\delta$ 伪轨有唯一的 $\varepsilon$ 跟踪点.

跟踪引理的证明可参见文献 [20] 定理 4.24.

**定理 6.2.4 (封闭引理)**  设 $C^1$ 微分同胚 $f : M \to M$ 是公理 A 系统. 则存在 $\varepsilon_0 > 0$ 满足如下性质: $\forall 0 < \varepsilon < \varepsilon_0, \exists \beta > 0$ 使得

$$d(f^n(x), x) < \beta \quad \text{对某个自然数 } n$$
$$\implies \quad \text{存在} \ z \in B(x, \varepsilon) \ \text{满足} \ f^n(z) = z,$$

其中 $B(x, \varepsilon) = \{y \in M \mid d(x, y) < \varepsilon\}$.

**证明**  我们在假定跟踪引理情况下证明封闭引理. 取 $\varepsilon_0$ 如跟踪引理. 任给定 $\varepsilon_0 > \varepsilon > 0$, 选 $\beta > 0$ 使得任意 $\beta$ 伪轨都有唯一的 $\varepsilon$ 跟踪点.

设 $d(f^n(x), x) < \beta$ 对某个自然数 $n$ 成立. 将轨道段 $x, f(x), \cdots,$ $f^{n-1}(x)$ 往左和往右可数无限次平移得到 $\beta$ 伪轨

$$\underline{x} = \{\cdots, x, f(x), \cdots, f^{n-1}(x), x, f(x), \cdots, f^{n-1}(x), \cdots\}.$$

根据跟踪引理存在 $z$ 使得 $d(f^k(z), x_k) < \varepsilon, \forall k$. 特别地, $d(z, x) < \varepsilon$.

将 $\underline{x}$ 的元素位置向左移 $n$ 位, 得到的还是 $\underline{x}$. 而 $f^n(z)$ 是移动后伪轨的 $\varepsilon$ 跟踪点进而是 $\underline{x}$ 的 $\varepsilon$ 跟踪点. 由跟踪的唯一性知

$$f^n(z) = z. \qquad \square$$

跟踪引理和封闭引理均为强有力的工具, 可以导出很多拓扑性质. 我们通过下面的命题展示跟踪引理的一个应用. 用 $\mathrm{Diff}^1(M)$ 记 $M$ 上全体 $C^1$ 微分同胚组成的集合. 为 $\mathrm{Diff}^1(M)$ 赋予如下 $C^0$ 度量:

$$d(f, g) = \sup_{x \in M} d(f(x), g(x)).$$

**命题 6.2.5**　设 $f \in \mathrm{Diff}^1(M)$ 是公理 A 系统且

$$\Omega(f) = M.$$

则 $f$ 是半拓扑稳定的, 即对于 $C^0$ 靠近 $f$ 的 $g \in \mathrm{Diff}^1(M)$, 存在连续映射 $\pi: M \to M$ 满足 $\pi \circ g = f \circ \pi$.

**证明**　因 $f$ 是公理 A 系统, 根据定理 6.2.3, 对于很小的 $\varepsilon > 0$, 存在 $\delta > 0$ 使得任意 $\delta$ 伪轨有唯一的 $\varepsilon$ 跟踪点.

如果 $g \in \mathrm{Diff}^1(M)$, 满足

$$d(g, f) < \delta,$$

则 $g$ 的轨道就是 $f$ 的 $\delta$ 伪轨, 因此就有唯一的点在 $f$ 迭代下对此 $g$ 的轨道进行 $\varepsilon$ 跟踪. 于是, 我们可以定义映射

$$\pi: M \to M$$
$$x \mapsto y, \quad \text{满足 } d(f^n(y), g^n(x)) < \varepsilon, \ \forall\, n \in \mathbb{Z}.$$

由于跟踪点唯一则 $\pi$ 合理定义. 易知 $\pi$ 是连续映射且满足

$$\pi \circ g = f \circ \pi. \qquad \square$$

## §6.3　非一致双曲系统的跟踪引理和封闭引理

### 6.3.1　概念

设 $f: M \to M$ 为紧致光滑 Riemann 流形上的 $C^{1+\alpha}$ 微分同胚, 具有 Pesin 集

$$\Lambda = \Lambda(\lambda, \mu, \varepsilon) = \bigcup_{k \geqslant 1} \Lambda_k(\lambda, \mu, \varepsilon).$$

**定义 6.3.1** 设正数列 $\{\delta_k\}_{k=1}^{+\infty}$, 设点列 $\{x_n\}_{n=-\infty}^{+\infty} \subset \Lambda$. 如果存在正整数列 $\{s_n\}_{n=-\infty}^{+\infty}$, 满足:

(1) $x_n \in \Lambda_{s_n}$, $\forall n \in \mathbb{Z}$;

(2) $|s_n - s_{n+1}| \leqslant 1$, $\forall n \in \mathbb{Z}$;

(3) $d(f(x_n), x_{n+1}) < \delta_{s_n}$, $\forall n \in \mathbb{Z}$,

则称 $\{x_n\}_{n=-\infty}^{+\infty}$ 为 $f$ 的 $\{\delta_k\}_{k=1}^{+\infty}$ 伪轨道. 设 $\eta > 0$, 设 $\varepsilon_0 > 0$, $\varepsilon_k = \varepsilon_0 e^{-k\varepsilon}$ (参见命题 5.5.3). 称点 $x \in M$ 是 $\eta$ 跟踪 $\{\delta_k\}_{k=1}^{+\infty}$ 伪轨道 $\{x_n\}_{n=-\infty}^{+\infty}$ 的, 如果

$$d(f^n(x), x_n) < \eta\varepsilon_{s_n}, \quad \forall n \in \mathbb{Z}.$$

和一致双曲系统 (甚或公理 A 系统) 时谈论的伪轨道相比, Pesin 集上的伪轨道有更多限制. 伪轨道中相邻两点需要属于同一个 Pesin 块或者属于指标不同但相邻的 Pesin 块, 且 $d(f(x_n), x_{n+1})$ 和 $x_n$ 所在的 Pesin 块有关. 跟踪点 $x$ 对伪轨道的跟踪也有更强的跟踪程度, 它和伪轨道点所在的 Pesin 块有关, Pesin 块角码越大跟踪程度越好.

**定义 6.3.2** 称 $f$ 于 Pesin 集 $\Lambda = \Lambda(\lambda, \mu, \varepsilon) = \bigcup_{k \geqslant 0} \Lambda_k(\lambda, \mu, \varepsilon)$ 有跟踪性质, 如果 $\forall \eta > 0$, 存在 $\{\delta_k\}_{k=1}^{+\infty}$ 使得任何 $\{\delta_k\}_{k=1}^{+\infty}$ 伪轨 $\{x_n\}_{n=-\infty}^{+\infty} \subset \Lambda$ 有 $\eta$ 跟踪点 $x \in M$, 即

$$d(f^n(x), x_n) < \eta\varepsilon_{s_n}, \quad \forall n \in \mathbb{Z}.$$

**注 6.3.3** 伪轨道取自 Pesin 集 $\Lambda$, 但跟踪点未必也在 $\Lambda$ 中.

### 6.3.2 结论

**定理 6.3.4 (跟踪引理)** 设 $f: M \to M$ 为紧致光滑 Riemann 流形上的 $C^{1+\alpha}$ 微分同胚具有 Pesin 集

$$\Lambda = \Lambda(\lambda, \varepsilon, \mu) = \bigcup_{k \geqslant 1} \Lambda_k(\lambda, \varepsilon, \mu),$$

则 $f$ 在 $\Lambda$ 上有跟踪性质.

**证明** 先就有限长伪轨找出跟踪点. 对无限长伪轨, 其跟踪点是有限长伪轨道段的跟踪点的极限.

**第一步**  给定 $0 < \eta < 1$ 寻找正数列 $\{\delta_k\}_{k=1}^{+\infty}$.

令 $k \geqslant 1$, 并设 $x \in \Lambda_k$ 及 $y = f(x)$. 由引理 6.1.3 $fL(x, \eta\varepsilon_k)$ 分别与 $L(y, \eta\varepsilon_{k-1})$, $L(y, \eta\varepsilon_k)$, $L(y, \eta\varepsilon_{k+1})$ 横截相交 (对应 $f(x) \in \Lambda_{k-1}$, $f(x) \in \Lambda_k$, $f(x) \in \Lambda_{k+1}$ 情形). 由于 $f$ 和 $Df$ 的连续性, 这些横截相交性对 $f(x)$ 很近的 $y \in \Lambda_{k-1}$, $y \in \Lambda_k$, $y \in \Lambda_{k+1}$ 也保持. 存在 $\delta_k > 0$ 保障横截相交性质:

$$\left.\begin{array}{l} y \in \Lambda_{k-1} \\ y \in \Lambda_k \\ y \in \Lambda_{k+1} \end{array}\right\} \text{且 } d(f(x), y) < \delta_k$$

$$\Longrightarrow fL(x, \eta\varepsilon_k) \text{ 与 } \left\{\begin{array}{l} L(y, \eta\varepsilon_{k-1}) \\ L(y, \eta\varepsilon_k) \\ L(y, \eta\varepsilon_{k+1}) \end{array}\right\} \text{横截相交.}$$

因 $\Lambda_k$ 紧致, 可设 $\delta_k$ 对 $\Lambda_k$ 上一致可用, 即与点 $x \in \Lambda_k$ 的选取无关.

令 $k$ 变化就得到了数列 $\{\delta_k\}_{k \geqslant 1}$.

**第二步**  有限长伪轨道情形的跟踪. 先给出如下引理:

**引理 6.3.5**  令 $N > 1$. 设 $x_n \in \Lambda$ $(-N \leqslant n \leqslant N)$ 是有限长的 $\{\delta_k\}_{k \geqslant 1}$ 伪轨, 即存在正整数列 $\{s_n\}_{n \in \mathbb{Z}}$ 满足

$$x_n \in \Lambda_{s_n}, \quad |s_n - s_{n+1}| \leqslant 1, \quad d(f(x_n), x_{n+1}) < \delta_{s_n}, \ |n| \leqslant N.$$

则存在 $x \in M$ 满足:

(1) $x \in L(x_0, \eta\varepsilon_{s_0})$;

(2) $d(f^n(x), x_n) < \eta\varepsilon_{s_n}$, 即 $f^n(x) \in L(x_n, \eta\varepsilon_{s_n})$, $|n| \leqslant N$.

**证明**  由第一步 $\{\delta_k\}_{k \geqslant 1}$ 的取法知  $fL(x_n, \eta\varepsilon_{s_n})$ 与 $L(x_{n+1}, \eta\varepsilon_{s_{n+1}})$ 横截相交. 令

$$I_N = \bigcap_{n=-N}^{N} f^{-n}L(x_n, \eta\varepsilon_{s_n}).$$

则 $I_N \subset L(x_0, \eta\varepsilon_{s_0})$ 且 $I_N \neq \emptyset$, 如图 6.4 所示.

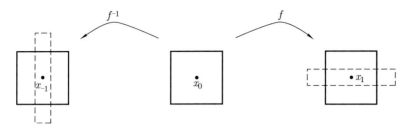

**图 6.3 迭代**

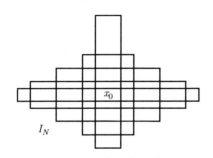

**图 6.4 有限步跟踪**

任取 $x^{(N)} \in I_N$, 则 $x^{(N)}$ 就可以 $\eta-$ 跟踪 $\{x_{-N}, \cdots, x_0, \cdots, x_N\}$. 引理证毕.

**第三步** 无限长伪轨的跟踪.

设 $\{x_n\}_{n=-\infty}^{+\infty} \subset \Lambda$ 为一个 $\{\delta_k\}_{k=1}^{+\infty}$ 伪轨道, 即存在正整数列 $\{s_n\}_{n=-\infty}^{+\infty}$, 满足:

(1) $x_n \in \Lambda_{s_n}$, $\forall n \in \mathbb{Z}$,

(2) $|s_n - s_{n+1}| \leqslant 1$, $\forall n \in \mathbb{Z}$,

(3) $d(f(x_n), x_{n+1}) < \delta_{s_n}$, $\forall n \in \mathbb{Z}$.

我们不妨把 $L(x_0, \eta\varepsilon_{s_0})$ 取为闭集, 即令

$$L(x_0, \eta\varepsilon_{s_0}) = [-\eta\varepsilon_{s_0}, \eta\varepsilon_{s_0}]E_{x_0}^s \oplus [\eta\varepsilon_{s_0}, \eta\varepsilon_{s_0}]E_{x_0}^u.$$

则由引理 6.3.5 的证明知

$$x^{(N)} \in L(x_0, \eta\varepsilon_{s_0}) \subset M.$$

取 $\{x^{(N)}\}_{N=1}^{+\infty}$ 的一个极限点为 $x$, 则:

(1) $x \in \overline{L(x_0, \eta\varepsilon_{s_0})} = L(x_0, \eta\varepsilon_{s_0})$;

(2) $d(f^n(x), x_n) \leqslant \eta\varepsilon_{s_n}$   $n \in \mathbb{Z}$.

这样当 $0 < \eta < 1$ 时就为给定的 $\{\delta_k\}_{k \geqslant 1}$ 伪轨道 $\{x_n\}_{n=-\infty}^{+\infty} \subset \Lambda$ 找到了 $\eta$ 跟踪点 $x \in M$. 当 $\eta \geqslant 1$ 时 $x$ 自然也 $\eta$ 跟踪此伪轨道.   □

**推论 6.3.6**   设 $0 < \eta < 1$. 定理 6.3.4 中的 $\eta$ 跟踪点唯一.

**证明**   因 $0 < \eta < 1$, 则

$$I_N = \bigcap_{n=-N}^{N} f^{-n} L(x_n, \eta\varepsilon_{s_n}) \subset \bigcap_{n=-N}^{N} f^{-n} L(x_n, \varepsilon_{s_n}).$$

因此

$$\mathrm{diam}(I_N) \leqslant \varepsilon_{s_0}(\mathrm{e}^{-\mu''N} + \mathrm{e}^{-\lambda''N}) \to 0, \quad N \to +\infty.$$

故

$$\bigcap_{n=-\infty}^{+\infty} f^{-n} L(x_n, \eta\varepsilon_{s_n}) = \{\text{单点}\}.$$   □

### 6.3.3   关于跟踪性质的理解和应用

**定理 6.3.7 (可扩性质)**     设 $0 < \eta < 1$. 设 $f: M \longrightarrow M$ 为紧致光滑 Riemann 流形上的 $C^{1+\alpha}$ 微分同胚具有 Pesin 集

$$\Lambda = \Lambda(\lambda, \mu, \varepsilon) = \bigcup_{k \geqslant 1} \Lambda_k(\lambda, \varepsilon, \mu).$$

设 $\varepsilon_0 > 0$ 是很小的常数并令 $\varepsilon_k = \varepsilon_0 \mathrm{e}^{-k\varepsilon}$ (参见命题 5.5.3). $\{\eta\varepsilon_k\}_{k=1}^{+\infty}$ 构成 $(\Lambda, f)$ 的可扩常数列, 即对任意 $x \in \Lambda$, $y \in M$, 如果 $d(f^n(x), f^n(y)) < \eta\varepsilon_{s_n}$, $\forall n \in \mathbb{Z}$, 其中 $s_n = s_n(x) = \min\{\ell \geqslant 1 \mid f^n(x) \in \Lambda_\ell\}$, 则有

$$x = y.$$

**证明**   依据定理 6.3.4 和推论 6.3.6, 对 $0 < \eta < 1$ 存在 $\{\delta_k\}_{k=1}^{+\infty}$ 使得 $f$ 的每个 $\{\delta_k\}_{k=1}^{+\infty}$ 伪轨都有唯一的点对其进行 $\eta$ 跟踪.

自然, 轨道 $\mathrm{Orb}(x, f)$ 满足 $\{\delta_k\}_{k=1}^{+\infty}$ 伪轨的定义. 由题设 $y$ 对 $\mathrm{Orb}(x, f)$ 进行 $\eta$ 跟踪. 注意到 $x$ 自然也对 $\mathrm{Orb}(x, f)$ 做 $\eta$ 跟踪. 由跟踪点的唯一性知

$$y = x.$$   □

这说明, 非一致双曲系统的跟踪引理同时意味着 "弱跟踪性质" 和 "弱可扩性质". 用 $P_p(f)$ 表示 $f\colon M \to M$ 的所有最小周期为 $p$ 的周期点 $x \in M$ 之集合.

**定理 6.3.8 (封闭引理)**　设 $f\colon M \to M$ 为 $C^{1+\alpha}$ 的微分同胚, 具有 Pesin 集

$$\Lambda = \Lambda(\lambda, \mu, \varepsilon) = \bigcup_{k \geqslant 1} \Lambda_k(\lambda, \mu, \varepsilon).$$

对 $k \geqslant 1$ 和 $0 < \eta < 1$, 存在 $\beta = \beta(k, \eta) > 0$, 满足

$$x, f^p(x) \in \Lambda_k \text{ 且 } d(x, f^p(x)) < \beta \Longrightarrow \exists z \in B(x, \eta) \cap P_p(f),$$

使得 $f^p(z) = z$, 其中 $B(x, \eta) = \{y \in M \mid d(x, y) < \eta\}$.

**证明**　对 $0 < \eta < 1$, 根据定理 6.3.4 和推论 6.3.6, 存在 $\{\delta_\tau\}_{\tau=1}^{+\infty}$ 使得每条 $\{\delta_\tau\}_{\tau=1}^{+\infty}$ 伪轨能被唯一的真轨道 $\eta$ 跟踪.

取 $\beta = \beta(k, \eta) = \delta_{k+1}$. 设 $x, f^p(x) \in \Lambda_k$ 且 $d(x, f^p(x)) < \beta = \delta_{k+1}$. 造一条伪轨如下

$$\{\cdots, x, f(x), f^2(x), \cdots, f^{p-1}(x), x, f(x), f^2(x), \cdots, f^{p-1}(x), x, \cdots\}.$$

这条伪轨由轨道段 $\{x, f(x), \cdots, f^{p-1}(x)\}$ 重复链接而成, 只在 $f^p(x)$ 点处需要跳跃到 $x$. 因 $f^p(x) \in \Lambda_k$ 则 $f^{p-1}(x) \in \Lambda_{k+1}$. 注意到

$$d(f f^{p-1}(x), x) = d(f^p(x), x) < \beta = \delta_{k+1},$$

则这条伪轨是 $\{\delta_\tau\}_{\tau=1}^{+\infty}$ 伪轨. 故存在 $z$ 对其进行 $\eta$ 跟踪. 特别地, $d(z, x) < \eta\varepsilon_k$. 由命题 5.5.3 及其证明有

$$\varepsilon_k^s \leqslant 1, \quad \varepsilon_k^u \leqslant 1, \quad \varepsilon_k = \min\{\varepsilon_k^s, \varepsilon_k^u\} \leqslant 1.$$

故有

$$d(z, x) < \eta.$$

注意不仅 $z$ 是 $\eta$ 跟踪点, $f^p(z)$ 也是 $\eta$ 跟踪点 (原因是伪轨道满足 $x_{n+p} = x_n$). 由伪轨的跟踪的唯一性立得

$$f^p(z) = z. \qquad \square$$

**命题 6.3.9**　设 $f: M \to M$ 为 $C^{1+\alpha}$ 的微分同胚, 具有 Pesin 集

$$\Lambda = \Lambda(\lambda, \mu, \varepsilon) = \bigcup_{k \geqslant 1} \Lambda_k(\lambda, \mu, \varepsilon).$$

则 $P(f) \cap \Lambda$ 是可数集, 这里 $P(f)$ 表 $(M, f)$ 的周期点集.

**证明**　取 $\varepsilon_0 > 0$ 和 $\varepsilon_k = \varepsilon_0 \mathrm{e}^{-k\varepsilon}$ 如命题 5.5.3. 取 $0 < \eta < 1$. 则 $\eta \varepsilon_k = \eta \varepsilon_0 \mathrm{e}^{-k\varepsilon}$ 为可扩常数列, 参见定理 6.3.7.

任意给定 Pesin 块 $\Lambda_k$. 考虑一个包含在 $\Lambda_k$ 的最小周期为 $p$ 的周期轨道

$$\mathrm{Orb}(x, f) = \{x, f(x), \cdots, f^{p-1}(x)\},$$

其中 $f^n(x) \in \Lambda_{s_n}, s_n \leqslant k, \forall 0 \leqslant n \leqslant p - 1$. 令

$$B_p(x) = \bigcap_{n=0}^{p-1} f^{-n} B(f^n(x), \eta \varepsilon_{s_n}).$$

则定理 6.3.7 说开集合 $B_p(x)$ 中只含有一个 $p$ 周期点 $x$. 紧致集合 $\Lambda_k$ 只容许有限多个这样的开集, 亦即只容许有限多个包含在 $\Lambda_k$ 中的最小周期为 $p$ 的周期轨道. 令 $p$ 在 $\mathbb{N}$ 中变化, 则 $\Lambda_k$ 包含可数多条周期轨道. 于是 Pesin 集 $\Lambda = \bigcup_{k=1}^{+\infty} \Lambda_k$ 包含可数多条周期轨道. □

注意当 $x, f^p(x) \in \Lambda_k$ 时,

$$f^i(x), f^{p-i}(x) \in \Lambda_{k+i}, \quad i = 0, 1, \cdots, \left[\frac{p}{2}\right].$$

使用跟踪引理我们不难得到下面形式的封闭引理, 其证明留作习题. 我们解释一下这个封闭引理. 周期轨道 $\mathrm{Orb}(z, f)$ 追踪回复轨道段 $\{x, \cdots, f^p(x)\}$ 过程中, 从出发时刻 0 到 "中点时刻" $\left[\frac{p}{2}\right]$ 随着迭代时间增大逼近程度越来越好 (指数程度逼近). 时间迭代的后半段则是逼近程度越来越不好. 换言之从 $f^p(z)$ 负向迭代时间看, 从出发时刻 0 到中点时刻 $\left[\frac{p}{2}\right]$ 逼近程度越来越好 (指数程度逼近), 如图 6.5 所示. 这种周期逼近的指数程度, 能保证逼近误差之和当 $p$ 变大时有上界. 这在有些理论的论证中是需要的.

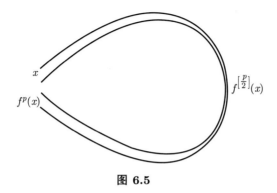

**图 6.5**

**定理 6.3.10(封闭引理)** 设 $f\colon M \to M$ 是一个 $C^{1+\alpha}$ 的微分同胚具有 Pesin 集

$$\Lambda = \Lambda(\lambda, \mu; \varepsilon) = \bigcup_{k \geqslant 1} \Lambda(\lambda, \mu; \varepsilon).$$

对 $\forall k \geqslant 1$, 对任意 $0 < \eta < 1$ 存在 $\beta = \beta(k, \eta) > 0$ 满足下面性质: 设 $x, f^p(x) \in \Lambda_k$ $(p \geqslant 0)$ 且 $d(x, f^p(x)) < \beta$, 则存在周期点 $z \in M$, 周期为 $p$, 使得

$$d(f^i(z), f^i(x)) < \eta \varepsilon_0 \mathrm{e}^{-i\varepsilon}, \quad i = 0, 1, \cdots, \left[\frac{p}{2}\right];$$

$$d(f^{p-i}(z), f^{-i}f^p(x)) < \eta \varepsilon_0 \mathrm{e}^{-i\varepsilon}, \quad i = 0, 1, \cdots, \left[\frac{p}{2}\right],$$

其中 $\varepsilon_0$ 是一个很小的常数.

## §6.4 周 期 点

设 $f\colon M \to M$ 为紧致光滑 Riemann 流形上的 $C^{1+\alpha}$ 的微分同胚, $\alpha > 0$.

**定义 6.4.1** 设 $m$ 是 $M$ 上的一个 Borel 测度, 则 $m$ 的支撑 $\mathrm{Supp}(m) \subset M$ 为满足 $m$ 满测度的最小的闭子集.

测度的支撑有下面的等价定义 (见习题 3):

**定义 6.4.2** 设 $m$ 是 $M$ 上的一个 Borel 测度, 则 $m$ 的支撑定义为

$$\mathrm{Supp}(m) = \{x \in M \mid m(B(x,\delta)) > 0, \ \forall \delta > 0\},$$

其中 $B(x,\delta) = \{y \in M \mid d(x,y) < \delta\}$.

当 $m$ 是 $f$ 的不变测度时, $\mathrm{Supp}(m)$ 是 $f$ 的不变集, $f(\mathrm{Supp}(m)) = \mathrm{Supp}(m)$.

设 $m \in \mathcal{M}^*_{\mathrm{erg}}(M, f)$, 记 $\lambda$ 为 $m$ 的最大负 Lyapunov 指数的绝对值, 记 $\mu$ 为 $m$ 的最小正 Lyapunov 指数, 取 $\varepsilon$ 为远小于 $\lambda$ 和 $\mu$ 的一个正数. 定义 Pesin 集

$$\varLambda = \varLambda(\lambda, \mu, \varepsilon) = \bigcup_{k \geqslant 1} \varLambda_k(\lambda, \mu, \varepsilon).$$

则 $f(\varLambda) = \varLambda$, 且根据定理 5.4.1 有 $m(\varLambda) = 1$. Pesin 块 $\varLambda_k$ 上 $m$ 的条件测度记为 $m \mid_{\varLambda_k}$. 令

$$\widetilde{\varLambda}_k = \mathrm{Supp}(m \mid_{\varLambda_k}) = \{x \in M \mid m(B(x,\delta) \cap \varLambda_k) > 0, \ \forall \delta > 0\}.$$

若记

$$\widetilde{\varLambda} = \bigcup_{k \geqslant 1} \widetilde{\varLambda}_k,$$

则易证 $m(\widetilde{\varLambda}) = 1$ 且 $f(\widetilde{\varLambda}) = \widetilde{\varLambda}$.

**定理 6.4.3** 给定实数 $0 < \eta < 1$, 点列 $x_1, \cdots, x_\ell \in \widetilde{\varLambda}$ 和正整数列 $a_1 \leqslant b_1, \cdots, a_\ell \leqslant b_\ell$. 存在正整数列 $c_1, c_2, \cdots, c_\ell$, 点 $z \in M$, 正整数 $X \geqslant 1$ 和 $p \geqslant \sum_{i=1}^{\ell}(b_i - a_i) + \ell X$, 满足 $f^p(z) = z$ 和

$$d(f^{c_j + i}(z), f^i(x_j)) \leqslant \eta, \qquad a_j \leqslant i \leqslant b_j, \ j = 1, 2 \cdots, \ell.$$

定理 6.4.3 是说, 任意给定尺度 $0 < \eta < 1$ 和 Pesin 集合上的 $\ell$ 个轨道段, 存在周期点 $z \in M$, 使得周期轨道 $\mathrm{Orb}(z, f)$ 上有 $\ell$ 段轨道分别 $\eta$ 追踪给定的 $\ell$ 个轨道段. 在两段追踪之间, 周期轨道 $\mathrm{Orb}(z, f)$ 需要至少 $X$ 长的 "调整时间", 于是 $z$ 的周期 $p$ 大于等于 $\ell$ 个轨道段的总长加上 $\ell X$. 定理陈述的性质叫作**碎轨封闭性质**. 类似的性质在一致双曲系

统中存在, 但那里的性质更强 (那里的 $X$ 只依赖于 $\eta$ 而不依赖于轨道段). 非一致双曲系统还可以有不同形式的碎轨封闭性质, 不再叙述.

**证明** 对 $0 < \eta < 1$ 取 $\{\delta_k\}_{k=1}^{+\infty}$ 使 Pesin 集 $\Lambda$ 的每条 $\{\delta_k\}_{k=1}^{+\infty}$ 伪轨能被真轨道 $\eta$ 跟踪, 且跟踪轨道唯一. 记

$$S = \bigcup_{i=1}^{\ell} \{f^{a_i}(x_i), f^{a_i+1}(x_i), \cdots, f^{b_i}(x_i)\}.$$

取 $k_0$ 使得 $S \subset \widetilde{\Lambda}_{k_0}$ 且 $m(\widetilde{\Lambda}_{k_0}) > 0$. 因 $\widetilde{\Lambda}_{k_0}$ 紧, 用有限多个直径小于 $\delta_{k_0+1}$ 的开球

$$\beta = (U_1, \cdots, U_r)$$

即可覆盖 $\widetilde{\Lambda}_{k_0}$. 由 $\widetilde{\Lambda}_{k_0}$ 的定义, 则每个开球与 $\widetilde{\Lambda}_{k_0}$ 的交集都有 $m$ 正测度.

系统 $(M, m, f)$ 遍历等价于任给一对 Borel 集 $A$, $B$ 有

$$\lim_{n \to +\infty} \frac{1}{n} \sum_{i=0}^{n-1} m(f^{-i}A \cap B) = m(A)m(B),$$

参见文献 [22] Theorem 1.17. 据此, 会存在 $X_{ij}$ 使得

$$m(f^{X_{ij}}(U_i \cap \widetilde{\Lambda}_{k_0}) \cap (U_j \cap \widetilde{\Lambda}_{k_0})) > \frac{1}{2}m(U_i \cap \widetilde{\Lambda}_{k_0})m(U_j \cap \widetilde{\Lambda}_{k_0}) > 0,$$
$$1 \leqslant i, j \leqslant r \tag{6.1}$$

取 $U_{i_0}, U_{i_1} \in \beta$ 使得

$$f^{a_i}(x_i) \in U_{i_0}, \quad f^{b_i}(x_i) \in U_{i_1}, \quad i = 1, 2, \cdots, \ell.$$

由 (6.1) 式可取 $y_i \in U_{i_1} \cap \widetilde{\Lambda}_{k_0}$ 使得

$$f^{X_{i_1(i+1)_0}}(y_i) \in U_{(i+1)_0} \cap \widetilde{\Lambda}_{k_0}, \quad i = 1, 2, \cdots, \ell - 1.$$

取 $y_\ell \in U_{\ell_1} \cap \widetilde{\Lambda}_{k_0}$ 使得

$$f^{X_{\ell_1 1_0}}y_\ell \in U_{1_0} \cap \widetilde{\Lambda}_{k_0}.$$

我们造一条伪轨如下:

$$\{f^{a_1}(x_1), \cdots, f^{b_1-1}(x_1), y_1, \cdots, f^{X_{1_1 2_0}-1}(y_1), f^{a_2}(x_2), \cdots,$$
$$f^{b_2-1}(x_2), y_2, \cdots, f^{X_{2_1 3_0}-1}(y_2),$$
$$f^{a_3}(x_3), \cdots, f^{a_\ell}(x_\ell), \cdots, f^{b_\ell-1}(x_\ell), \quad y_\ell, f(y_\ell), \cdots, f^{X_{\ell_1 1_0}-1}(y_\ell)\}.$$

这条伪轨由若干真轨道段连接, 而链接的地方误差都小于 $\delta_{k_0+1}$. 因为

$$f^{b_1-1}(x_1), \ \cdots, \ f^{b_\ell-1}(x_\ell) \in \widetilde{\Lambda}_{k_0+1},$$

和

$$f^{X_{1_1 2_0}-1}(y_1), \ f^{X_{2_1 3_0}-1}(y_2), \ \cdots, \ f^{X_{\ell_1 1_0}-1}(y_\ell) \ \in \widetilde{\Lambda}_{k_0+1}$$

及 $\operatorname{diam}(\beta) < \delta_{k_0+1}$, 所以这是一条 $\{\delta_k\}_{k=1}^{+\infty}$ 伪轨, 进而能有唯一的点对其进行 $\eta$ 跟踪. 由跟踪点唯一容易知道跟踪点必为周期点 $z$ (思考题).

取 $X = \min\limits_{1 \leqslant i \neq j \leqslant r} \{X_{ij}\}$, 则上面的有限长伪轨长度不小于

$$\sum_{i=1}^{\ell} (b_i - a_i) + lX.$$

故 $z$ 的周期 $p$ 必满足

$$p \geqslant \sum_{i=1}^{\ell} (b_i - a_i) + lX.$$

于是存在正整数列 $c_1, c_2, \cdots, c_l$ 满足

$$d(f^{c_j+i}(z), f^i(x_j)) \leqslant \eta, \quad a_j \leqslant i \leqslant b_j, \quad j = 1, 2 \cdots, \ell. \qquad \square$$

碎轨封闭性质如图 6.6 所示.

**注 6.4.4** 定理中的点列 $\{x_1, \cdots, x_l\} \subset M$ 选取有很大自由度, 可根据所讨论的课题选取. 例如取为 $(n, \delta)$ 分离集, 则对拓扑熵研究有帮助.

**定理 6.4.5** 设 $f: M \to M$ 为 $C^{1+\alpha}$ 的微分同胚. 则

$$\mathcal{M}_{\mathrm{erg}}^*(M, f) \neq \emptyset \implies P(f) \neq \emptyset.$$

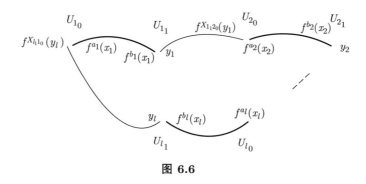

图 6.6

**证明** 设 $m \in \mathcal{M}^*_{\mathrm{erg}}(M, f)$. 根据定理 5.4.1, $m$ 的正则集包含于 Pesin 集

$$\Lambda = \Lambda(\lambda, \varepsilon, \mu) = \bigcup_{k \geqslant 1} \Lambda_k(\lambda, \varepsilon, \mu),$$

其中 $-\lambda$ 是 $m$ 的最大的负的 Lyapunov 指数, $\mu$ 是 $M$ 的最小的正的 Lyapunov 指数, 而 $\varepsilon$ 是远小于 $\lambda$ 和 $\mu$ 的正数. 依据碎轨周期封闭定理有 $P(f) \neq \emptyset$. □

**推论 6.4.6** 设 $f: M \to M$ 为紧致曲面 $M$ $(\dim(M) = 2)$ 上的 $C^{1+\alpha}$ 微分同胚, 则

$$h(f) > 0 \implies P(f) \neq \emptyset.$$

**证明** 由命题 5.1.4 $\mathcal{M}^*_{\mathrm{erg}}(M, f) \neq \emptyset$. 于是由定理 6.4.5 得到 $P(f) \neq \emptyset$. □

我们给出几个例子说明推论中的流形维数 2, 正拓扑熵和 $Df$ 的 $\alpha$ 连续性等三个条件每个都不可缺少.

**例 1** 设 $S^1$ 表单位圆周. 设

$$f: S^1 \times S^1 \to S^1 \times S^1,$$
$$(x_1, x_2) \mapsto (x_1 + \alpha_1, x_2 + \alpha_2)/\mathbb{Z}^2, \quad \alpha_1, \alpha_2 \text{为无理数},$$

则 $f = f_{\alpha_1} \times f_{\alpha_2}$, 这里 $f_{\alpha_i}: S^1 \to S^1, x \to x + \alpha_i \pmod 1$ 是圆周 $S^1$ 的无理旋转, $i = 1, 2$. 则 $h(f) = h(f_{\alpha_1}) + h(f_{\alpha_2}) = 0$. 作为无理旋转的乘积, $f$ 无周期点, 即 $P(f) = \emptyset$.

**例 2** 设 $N$ 为 2 维曲面且 $g\colon N \to N$ 满足 $h(g) > 0$. 定义

$$f\colon M = N \times S^1 \to N \times S^1$$
$$(x, z) \mapsto (g(x), z + \alpha(\mathrm{mod}\ 1)), \quad \alpha \text{ 为无理数,}$$

则 $\dim M = 3$, $h(f) = h(g) > 0$. 显然有 $P(f) = \emptyset$.

**例 3** 连续同胚 (不是 $C^{1+\alpha}$ 的) $f\colon R^2/Z^2 \to R^2/Z^2$ 满足 $h(f) > 0$ 并是极小的 (每条轨道稠密)[15]. 环面上的极小同胚自然没有周期点.

**定理 6.4.7** 设 $f\colon M \to M$ 为 $C^{1+\alpha}$ 的微分同胚. 设 $m \in \mathcal{M}^*_{\mathrm{erg}}(M, f)$, 则

$$\mathrm{Supp}(m) \subset \overline{P(f)}.$$

**证明** 任给 $x \in \mathrm{Supp}(m)$. 对任意 $\varepsilon > 0$, 我们将寻找 $z \in P(f)$ 使得 $d(x, z) < \varepsilon$. 记

$$\Lambda = \bigcup_{k \geqslant 1} \Lambda_k$$

为 $m$ 的正则集所在的 Pesin 集, 参见定理 5.4.1 及其证明.

因为 $x \in \mathrm{Supp}(m)$, 所以

$$B_\Lambda(x, \varepsilon) = \{y \in \Lambda \mid d(x, y) < \varepsilon\}$$

有 $m$ 正测度, 进而有 $m(B_{\Lambda_k}(x, \varepsilon)) > 0$ 对某个 $k$ 成立, 这里

$$B_{\Lambda_k}(x, \varepsilon) = \{y \in \Lambda_k \mid d(x, y) < \varepsilon\}.$$

取 $\beta = \beta\left(k, \dfrac{\varepsilon}{2}\right) < \dfrac{\varepsilon}{2}$ 如定理 6.3.8, Poincaré 回复定理可取点 $y$ 和正整数 $p$ 使得

$$y, f^p(y) \in B_{\Lambda_k}(x, \beta).$$

由定理 6.3.8 存在 $z$ 使得 $f^p(z) = z$ 且 $d(y, z) < \dfrac{\varepsilon}{2}$. 故

$$d(z, x) \leqslant d(z, y) + d(y, x) < \frac{\varepsilon}{2} + \beta < \varepsilon. \qquad \square$$

**例 4** 设

$$f\colon M = \mathbb{R}^2/\mathbb{Z}^2 \to \mathbb{R}^2/\mathbb{Z}^2$$
$$(x_1, x_2) \mapsto (2x_1 + x_2, x_1 + x_2)/\mathbb{Z}^2$$

为环面双曲自同构. 设 $m$ 为 Lebesgue-Haar 测度. 则 $f$ 保持 $m$ 且形成遍历系统 (参见文献 [9] Proposition 4.2.12). 所有状态点处的所有向量的 Lyapunov 指数为两个常数 $\ln\dfrac{3\pm\sqrt{5}}{2}$, 故 $m \in \mathcal{M}^*_{\mathrm{erg}}(M,f)$. 所有有理点均为周期点, 则

$$\overline{P(f)} = M = \mathrm{Supp}(m).$$

因 $f(0,0) = (0,0)$, 则 $0$ 是不动点. 原子测度 $\delta_{(0,0)} \in \mathcal{M}^*_{\mathrm{erg}}(M,f)$.

$$\mathrm{Supp}(\delta_{(0,0)}) \subsetneqq \overline{P(f)} = M.$$

## §6.5  周期测度的逼近定理

一个周期轨道支撑一个遍历测度, 称为周期测度. 在不变集范畴, 周期轨道是最简单的也是最重要的不变集. 在不变测度范畴, 周期测度是最简单的也是最重要的测度.

在双曲不变测度集合中周期测度形成稠密子集合, 换言之周期测度可以逼近任意双曲不变测度. 当系统一致双曲时, Sigmund 证明了这个周期测度逼近定理[16]. 本节介绍梁超, 刘耿, 孙文祥给出的非一致双曲系统的周期测度逼近定理[12].

**定理 6.5.1**  设 $f: M \to M$ 为紧致 Riemann 流形上的 $C^{1+\alpha}$ 微分同胚, $\alpha > 0$ 是常数, 设 $\widetilde{\omega} \in \mathcal{M}^*_{\mathrm{erg}}(M,f)$, 则存在 $\widetilde{\omega}$ 满测度的且 $f$ 不变的集合 $\widetilde{\Lambda}$, 使得每个支撑在 $\widetilde{\Lambda}$ 上的不变测度都能被周期测度逼近. 这里集合 $\widetilde{\Lambda}$ 的构造如下. 记 $\lambda$ 为 $\widetilde{\omega}$ 的最大负 Lyapunov 指数的绝对值, $\mu$ 为最小的正 Lyapunov 指数, $0 < \varepsilon << \lambda, \mu$, 令

$$\Lambda = \Lambda(\lambda, \mu, \varepsilon) = \bigcup_{\ell=1}^{\infty} \Lambda_\ell$$

为 Pesin 集. 用 $\widetilde{\omega}|_{\Lambda_\ell}$ 表示 $\widetilde{\omega}$ 在 $\Lambda_\ell$ 上的条件测度. 置 $\widetilde{\Lambda}_\ell = \mathrm{Supp}(\widetilde{\omega}|_{\Lambda_\ell})$ 及

$$\widetilde{\Lambda} = \bigcup_{\ell=1}^{\infty} \widetilde{\Lambda}_\ell.$$

**注 6.5.2**　在非一致双曲系统, 当 $\widetilde{\omega}$ 是 $f$ 的混合测度情形, Hirayama 证明了这个测度逼近定理[7].

我们将用跟踪性质证明定理 6.5.1. 我们需要再准备两个引理.

**引理 6.5.3**　设 $f: X \to X$ 是紧致度量空间上的同胚, 保持遍历测度 $\widetilde{\omega}$. 设 $\Gamma \subset X$ 是一个可测子集满足 $\widetilde{\omega}(\Gamma) > 0$ 并令

$$\Omega = \bigcup_{i \in \mathbb{Z}} f^i(\Gamma).$$

设 $\gamma > 0$, 则存在一个可测函数 $N(\Gamma, \cdot): \Omega \to \mathbb{N}$ 满足下面性质. 对 $\widetilde{\omega}-$ a.e. $x \in \Omega$, 对每个 $n \geqslant N(\Gamma, x)$ 和每个 $t \in [0, 1]$. 存在 $\ell \in \{0, 1, \cdots, n\}$ 使得 $f^\ell(x) \in \Gamma$, 且

$$\left| \frac{\ell}{n} - t \right| < \gamma.$$

引理证明见文献 [17] 定理 2.4.3.

**引理 6.5.4**　设 $f: X \to X$ 是紧致度量空间上的同胚保持遍历测度 $\widetilde{\omega}$. 设 $\Gamma_j \subset X$ 是可测集合, 满足

$$\widetilde{\omega}(\Gamma_j) > 0, \quad j = 1, \cdots, k.$$

对于 $x \in \Gamma_j$ 记

$$S(x, \Gamma_j) = \{r \in \mathbb{N} \mid f^r(x) \in \Gamma_j\}, \quad j = 1, \cdots, k.$$

任取定 $0 < \gamma < 1$ 和 $T \geqslant 1$. 则对于 $\widetilde{\omega}-$a.e. $x_j \in \Gamma_j$ 存在 $n_j = n_j(x_j) \in S(x_j, \Gamma_j)$ 满足 $n_j \geqslant T$, 使得

$$0 < \frac{|n_1 - n_j| + \cdots + |n_{j-1} - n_j| + |n_{j+1} - n_j| + \cdots + |n_k - n_j|}{\displaystyle\sum_{i=1}^{k} n_i} < \gamma,$$

其中 $j = 1, \cdots, k$.

**证明**　我们只证明 $k = 2$ 情形, 而把一般情形的证明留给读者. 取 $k_0 > 1$ 满足

$$\frac{1}{k_0} \leqslant \gamma \leqslant \frac{1}{k_0 - 1}, \quad \frac{k_0 - 1}{k_0} > \frac{1}{3}.$$

记

$$\Omega(\Gamma_j) = \bigcup_{i \in \mathbb{Z}} f^i(\Gamma_j).$$

对 $\gamma$ 取可测函数

$$N(\Gamma_i, \cdot) \colon \Omega(\Gamma_i) \to \mathbb{N}$$

如引理 6.5.3. 则对 $\widetilde{\omega}$—a.e. $x_i \in \Gamma_i$, 对每个 $m_i \geqslant N(\Gamma_i, x_i)$ 及每个 $t \in [0, 1]$, 存在

$$\ell_i \in \{0, 1, \cdots, m_i\} \cap S(x_i, \Gamma_i)$$

使得

$$\left| \frac{\ell_i}{m_i} - t \right| < \gamma, \quad i = 1, 2.$$

由 Poincaré 回复定理 $x_i \in \Gamma_i$ 在 $f$ 正向迭代下无限次返回 $\Gamma_i$, $i = 1, 2$. 我们取 $m_2 \in S(x_2, \Gamma_2)$ 使得

$$m_2 > 3 \max \left\{ \frac{1}{1-\gamma}(T+1), N(\Gamma_1, x_1), N(\Gamma_2, x_2), \frac{1-\gamma}{\gamma} \right\}.$$

用 $[a]$ 表示不超过 $a$ 的最大整数. 则我们有

$$\left[ \frac{k_0 - 1}{k_0} m_2 \right] \geqslant \max \left\{ \frac{1}{1-\gamma}(T+1), N(\Gamma_1, x_1), N(\Gamma_2, x_2), \frac{1-\gamma}{\gamma} \right\}.$$

取 $t = 1$ 和 $m_1 = \left[ \dfrac{k_0 - 1}{k_0} m_2 \right]$, 则 $m_1 \geqslant N(\Gamma_1, x_1)$. 由引理 6.5.3, 存在 $\ell_1 \in \left\{ 0, 1, \cdots, \left[ \dfrac{k_0 - 1}{k_0} m_2 \right] \right\} \cap S(x_1, \Gamma_1)$ 使得

$$-\gamma < \frac{\ell_1}{\left[ \dfrac{k_0 - 1}{k_0} m_2 \right]} - 1 < \gamma.$$

则

$$\left[ \frac{k_0 - 1}{k_0} m_2 \right] (1 - \gamma) < \ell_1 < \left[ \frac{k_0 - 1}{k_0} m_2 \right] (1 + \gamma),$$

且进而有 $\ell_1 > T$. 于是, 我们有

$$
0 < \frac{m_2 - \ell_1}{\ell_1 + m_2} < \frac{m_2 - \ell_1}{m_2} < 1 - \frac{\left[\dfrac{k_0 - 1}{k_0} m_2\right]}{m_2} (1 - \gamma)
$$

$$
< 1 - \frac{\dfrac{k_0 - 1}{k_0} m_2 - 1}{m_2} (1 - \gamma) < \gamma + \frac{1 - \gamma}{m_2} < 2\gamma.
$$

用 $\gamma$ 记 $2\gamma$, 并用 $n_1$ 记 $\ell_1$, 用 $n_2$ 记 $m_2$, 我们得到

$$
n_1, n_2 > T \quad \text{且} \quad 0 < \frac{|n_2 - n_1|}{n_1 + n_2} < \gamma.
$$

证明完成. □

此引理说明, 存在大到一定程度 (超过 $T$) 的回复时刻, 其差值的绝对值之和较之回复时刻的总和, 占比很小.

**定理 6.5.1 的证明** 任意取定一个实数 $0 < r < 1$. 取定一个支撑在 $\widetilde{\Lambda}$ 上的 $f$ 不变测度 $\omega$ 即满足 $\omega(\widetilde{\Lambda}) = 1$. 记 $C^0(M, \mathbb{R}) = \{\phi \mid \phi \colon M \to \mathbb{R}$ 为连续函数$\}$, 则 $C^0(M, \mathbb{R})$ 是可分的 Banach 空间, 具有可数稠密子集. 取定有限多个连续函数的集合 $F \subset C^0(M, \mathbb{R})$. 不失一般性我们假定

$$
|\xi| \leqslant 1, \quad \forall \xi \in F.
$$

取 $0 < \eta < \dfrac{r}{4}$ 使得

$$
d(x, y) < \eta \implies |\xi(x) - \xi(y)| < \frac{r}{8}, \quad \forall x, y \in M, \ \forall \xi \in F. \tag{6.2}
$$

记

$$
Q(f) = \left\{ x \in M \ \middle| \ \text{极限存在} \lim_{n \to +\infty} \frac{1}{n} \sum_{i=0}^{n-1} \xi(f^i x) = \xi^*(x), \ \forall \xi \in C^0(M, \mathbb{R}) \right\}.
$$

由 Birkhoff 遍历定理, $\omega(Q(f)) = 1$ 且 $\widetilde{\omega}(Q(f)) = 1$. 对 $x \in Q(f)$, 存在 $N = N(x)$, 使得当 $n \geqslant N(x)$ 时

$$
\left| \frac{1}{n} \sum_{i=0}^{n-1} \xi(f^i x) - \xi^*(x) \right| < \frac{r}{8}, \quad \xi \in F. \tag{6.3}
$$

我们把下面的证明分成五步.

**第一步**　为 $Q(f)$ 构造一个分解.

设

$$A = \sup\{|\xi^*(x)|\,\big|\,x \in Q(f),\ \xi \in F\}.$$

用 $[8A]$ 表示不超过 $8A$ 的最大整数. 对 $j = 1, 2, \cdots, \left[\dfrac{8A}{r}\right] + 1, \xi \in F$, 令

$$Q_j(\xi) = \left\{x \in Q(f),\ -A + \frac{(j-1)r}{8} \leqslant \xi^*(x) < -A + \frac{jr}{8}\right\}.$$

置

$$\mathcal{B} := \bigvee_{\xi \in F}\{Q_1(\xi), \cdots, Q_{[\frac{8A}{r}]+1}(\xi)\},$$

则 $\mathcal{B}$ 是 $Q(f)$ 的一个分解. 我们再把这个分解如下加细.

对上面给定的 $\eta$, 如定理 6.3.4 和推论 6.3.6 取 $\{\delta_\ell\}_{\ell \geqslant 1}$, $\delta_\ell < \eta$, 使得每个 $\{\delta_\ell\}_{\ell \geqslant 1}$ 伪轨有 $\eta$ 唯一跟踪点. 取一个正整数 $\ell_0$, 使得

$$\widetilde{\omega}(Q(f) \cap \widetilde{\Lambda}_{\ell_0}) > 1 - \frac{r}{16}, \quad \omega(Q(f) \cap \widetilde{\Lambda}_{\ell_0}) > 1 - \frac{r}{16}.$$

因 $\widetilde{\Lambda}_{\ell_0}$ 为紧致集合, 我们为它取定一个有限开覆盖 $\alpha = \{U_1, \cdots, U_t\}$, 这里 $U_i$ 是 $M$ 中的开集合满足 $\mathrm{diam}(U_i) < \delta_{\ell_0+1}$ 且 $\widetilde{\omega}(U_i \cap \widetilde{\Lambda}_{\ell_0}) > 0, i = 1, \cdots, t$. 不失一般性我们假定

$$\omega\left(\bigcup_{j=1}^{t} U_j\right) = 1.$$

当一个元素 $B \in \mathcal{B}$ 未包含在单个开集 $U_i$ 中而是包含在并集合中如 $\bigcup\limits_{j=1}^{\gamma} U_j$, 则我们再把 $B$ 如下分解:

$$B_1 = B \cap U_1, \quad B_2 = B \cap (U_2 \setminus U_1), \quad \cdots, \quad B_\gamma = B \cap \left(U_\gamma \setminus \bigcup_{j=1}^{\gamma-1} U_j\right).$$

这样我们就为 $Q(f)$ 定义了一个更细的有限分解, 表示为 $\{Q_j\}_{j=1}^k$. 对这个分解中的每个 $Q_j$, 存在 $U_{j'} \in \alpha$ 使得 $Q_j \subset U_{j'}$, 进而有

$$\operatorname{diam}(Q_j) < \delta_{\ell_0+1}, \quad j = 1, \cdots, k.$$

不失一般性我们假定 $\omega(Q_j) > 0, j = 1, \cdots, k$, 进而假定 $\omega\left(\cup_{j=1}^k Q_j\right) = 1$.

**第二步** 近似 $\displaystyle\int_{Q(f)} \xi\,\mathrm{d}\omega, \xi \in F.$

使用 Poincaré 回复定理和 (6.3) 式, 取 $W_j \subset Q_j \cap \widetilde{\Lambda}_{\ell_0}$, 使得:

(1) $\omega(W_j) = 0$;

(2) 对 $x_j \in (Q_j \cap \widetilde{\Lambda}_{\ell_0}) \setminus W_j$ 存在正整数 $n_j \geqslant N(x_j)$ 满足 $f^{n_j}(x_j) \in Q_j \cap \widetilde{\Lambda}_{\ell_0}$;

(3) $\displaystyle\frac{1}{n_j} \sum_{i=0}^{n_j-1} \xi(f^i(x_j)) = \xi^*(x_j) + \tau_j, |\tau_j| < \frac{r}{8}, j = 1, \cdots, k, \xi \in F.$

根据第一步中 $Q_j$ 的定义, 则

$$\left| \int_{Q(f)} \xi^*\mathrm{d}\omega - \sum_{j=1}^k \int_{Q_j} \xi^*(x_j)\,\mathrm{d}\omega \right| < \frac{r}{8}.$$

于是

$$\left| \int_{Q(f)} \xi\,\mathrm{d}\omega - \sum_{j=1}^k \omega(Q_j)\frac{1}{n_j} \sum_{i=0}^{n_j-1} \xi(f^i(x_j)) \right|$$

$$= \left| \int_{Q(f)} \xi^*\,\mathrm{d}\omega - \sum_{j=1}^k \omega(Q_j)(\xi^*(x_j) + \tau_j) \right|$$

$$< \frac{r}{8} + \frac{r}{8} = \frac{r}{4}, \quad \xi \in F. \tag{6.4}$$

**第三步** 再近似 $\displaystyle\int_{Q(f)} \xi\,\mathrm{d}\omega, \xi \in F.$

对上面给定的 $\eta > 0$, 取 $S > 0$, 使得

$$s \geqslant S \implies \frac{1}{s} < \frac{\eta}{k}.$$

固定一个正整数 $s \geqslant S$, 并取正整数 $\overline{s}_1, \cdots, \overline{s}_k < s$, 使得

$$\frac{\overline{s}_j}{s} \leqslant \omega(Q_j) \leqslant \frac{\overline{s}_j + 1}{s}.$$

注意到 $\sum\limits_{j=1}^{k} \omega(Q_j) = 1$, 可以取 $s_j = \overline{s}_j$ 或 $\overline{s}_j + 1$, 使得

$$s = \sum_{j=1}^{k} s_j, \quad \left| \omega(Q_j) - \frac{s_j}{s} \right| \leqslant \frac{1}{s} < \frac{\eta}{k}.$$

由 (6.4) 式以及 $\eta < \dfrac{r}{4}$, 则

$$
\begin{aligned}
\left| \int_{Q(f)} \xi \mathrm{d}\omega - \frac{1}{s} \sum_{j=1}^{k} s_j \frac{1}{n_j} \sum_{i=0}^{n_j - 1} \xi(f^i(x_j)) \right| & \\
\leqslant \left| \int_{Q(f)} \xi \, \mathrm{d}\omega - \sum_{j=1}^{k} \omega(Q_j) \frac{1}{n_j} \sum_{i=0}^{n_j-1} \xi(f^i(x_j)) \right| + \frac{1}{s} k & \\
< \frac{r}{4} + \eta & \\
< \frac{r}{4} + \frac{r}{4} & \\
= \frac{r}{2}, \quad \xi \in F. &
\end{aligned}
\tag{6.5}
$$

**第四步** 构造 $\{\delta_\ell\}_{\ell \geqslant 1}$ 伪轨和 $\eta$ 跟踪点

因为 $\widetilde{\omega}$ 是遍历测度, 对每一对 $(i,j)$ 存在正整数 $X(i,j) \geqslant 1$, 使得

$$f^{X(i,j)} Q_i \cap Q_j \cap \widetilde{\Lambda}_{\ell_0} \neq \emptyset, \quad 1 \leqslant i, j \leqslant k.$$

取 $y_i \in Q_i \cap \widetilde{\Lambda}_{\ell_0}$ 使得 $f^{X(i,i+1)}(y_i) \in Q_{i+1} \cap \widetilde{\Lambda}_{\ell_0}$, $1 \leqslant i < k$. 取 $y_k \in Q_k \cap \widetilde{\Lambda}_{\ell_0}$ 使得 $f^{X(k,1)}(y_k) \in Q_1 \cap \widetilde{\Lambda}_{\ell_0}$. 再回顾第二步中已经选定的

$x_j, f^{n_j}(x_j) \in Q_j \cap \widetilde{\Lambda}_{\ell_0}$   $j = 1, \cdots, k$. 现在我们考虑序列

$$\underbrace{x_1, \cdots, f^{n_1-1}(x_1), x_1, \cdots, f^{n_1-1}(x_1), \cdots, x_1, \cdots, f^{n_1-1}(x_1),}_{s_1 \text{ 段}}$$

$$y_1, \cdots, f^{X(1,2)-1}(y_1),$$

$$\underbrace{x_2, \cdots, f^{n_2-1}(x_2), x_2, \cdots, f^{n_2-1}(x_2), \cdots, x_2, \cdots, f^{n_2-1}(x_2),}_{s_2 \text{ 段}}$$

$$y_2, \cdots, f^{X(2,3)-1}(y_2),$$

$$\cdots\cdots$$

$$\underbrace{x_k, \cdots, f^{n_k-1}(x_k), x_k, \cdots, f^{n_k-1}(x_k), \cdots, x_k, \cdots, f^{n_k-1}(x_k),}_{s_k \text{ 段}}$$

$$y_k, \cdots, f^{X(k,1)-1}(y_k).$$

这个序列由真轨道段链接而成. 前一个轨道段终点的 $f$ 像点和后一轨道段的起点属于同一个 $Q_j \cap \widetilde{\Lambda}_{\ell_0}$ 距离小于 $\delta_{\ell_0+1}$. 因为这些轨道段的终点均属于 $\widetilde{\Lambda}_{\ell_0+1}$, 则序列构成有限长的 $\{\delta_\ell\}_{\ell\geqslant 1}$ 伪轨, 见云状伪轨图 6.7. 将序列往左重复可数无限多次, 往右亦重复可数无限多次, 则我们造出了无限长的 $\{\delta_\ell\}_{\ell\geqslant 1}$ 伪轨. 由定义 6.3.4 存在点 $z \in M$ 对其 $\eta$ 跟踪. 将无限长伪轨道左移动位置

$$p = \sum_{j=1}^{k} s_j n_j + X(1,2) + X(2,3) + \cdots + X(k-1,k) + X(k,1),$$

得到的是同一条伪轨道. 则 $f^p(z)$ 亦 $\eta$ 跟踪这条伪轨道. 根据推论 6.3.6 跟踪点唯一, 故 $z \in M$ 为周期点, 周期为 $p$. 令

$$\mu_z = \frac{1}{p} \sum_{i=0}^{p-1} \delta_{f^i z},$$

其中 $\delta_x$ 表示点 $x$ 的 Dirac 测度. 自然有

$$\int \xi \mathrm{d}\mu_z = \frac{1}{p} \sum_{i=0}^{p-1} \xi(f^i(z)), \quad \forall \xi \in F.$$

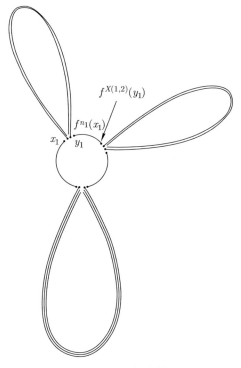

**图 6.7 云状伪轨**

**第五步** 完成证明.

用 $[x_j, f^{n_j-1}(x_j)]$ 表示轨道段 $x_j, \cdots, f^{n_j-1}(x_j)$ 并令

$$I = \bigcup_{j=1}^{k} \bigcup_{i=1}^{s_j} [x_j, f^{n_j-1}(x_j)].$$

用 $\Gamma$ 表示集合

$$\{0, 1, \cdots, n_1 - 1, n_1, \cdots, 2n_1 - 1, \cdots, (s_1 - 1)n_1, \cdots, s_1 n_1 - 1,$$
$$s_1 n_1 + X(1,2), \cdots, s_1 n_1 + n_2 + X(1,2) - 1, \cdots,$$
$$s_1 n_1 + (s_2 - 1)n_2 + X(1,2), \cdots, s_1 n_1 + s_2 n_2 + X(1,2) - 1,$$
$$\cdots,$$

$$\sum_{j=1}^{k-1} s_j n_j + \sum_{j=1}^{k-1} X(j, j+1), \cdots, \sum_{j=1}^{k-1} s_j n_j + \sum_{j=1}^{k-1} X(j, j+1) + n_k - 1, \cdots,$$

$$\sum_{j=1}^{k-1} s_j n_j + \sum_{j=1}^{k-1} X(j, j+1) + (s_k - 1) n_k - 1, \cdots,$$

$$\sum_{j=1}^{k} s_j n_j + \sum_{j=1}^{k-1} X(j, j+1) - 1\}.$$

则

$$\#I = \sum_{j=1}^{k} s_j n_j = \#\Gamma.$$

由 (6.2) 式及 $\eta$ 的选取我们有

$$\left| \frac{1}{\#I} \sum_{x \in I} \xi(x) - \frac{1}{\#\Gamma} \sum_{i \in \Gamma} \xi(f^i(z)) \right| \leqslant \frac{r}{8}.$$

注意到 $|\xi| \leqslant 1, \forall \xi \in F$, 则

$$\left| \sum_{i=0}^{p-1} \xi(f^i(z)) - \sum_{i \in \Gamma} \xi(f^i(z)) \right| \leqslant k \max_{1 \leqslant i,j \leqslant k} X(i,j).$$

于是有

$$\left| \frac{1}{p} \sum_{i=0}^{p-1} \xi(f^i(z)) - \frac{1}{\#I} \sum_{x \in I} \xi(x) \right|$$

$$\leqslant \left| \frac{1}{p} \sum_{i=0}^{p-1} \xi(f^i(z)) - \frac{1}{\#\Gamma} \sum_{i \in \Gamma} \xi(f^i(z)) \right| + \frac{r}{8}$$

$$= \left| \frac{1}{p\,\#\Gamma} \sum_{i=0}^{p-1} [\#\Gamma\, \xi(f^i(z)) - p\, \xi(f^i(z))] + \frac{1}{\#\Gamma} \sum_{i \notin \Gamma} \xi(f^i(z)) \right| + \frac{r}{8}$$

$$\leqslant \frac{p(p - \#\Gamma)}{p\,\#\Gamma} + \frac{k \max_{1 \leqslant i,j \leqslant k} X(i,j)}{\#\Gamma} + \frac{r}{8}$$

$$\leqslant \frac{2k \max_{1 \leqslant i,j \leqslant k} X(i,j)}{\#\Gamma} + \frac{r}{8}.$$

据此, 选取 $n_j$ 充分大, 可使得

$$\left| \frac{1}{p} \sum_{i=0}^{p-1} \xi(f^i(z)) - \frac{1}{\#I} \sum_{x \in I} \xi(x) \right| < \frac{r}{8} + \frac{r}{8} = \frac{r}{4}, \quad \xi \in F. \tag{6.6}$$

不失一般性我们取 $n_j$ 和 $x_j$ 满足引理 6.5.4, $j = 1, 2, \cdots, k$. 注意 $s = s_1 + \cdots + s_k$, 则

$$0 < \frac{s_1|n_1 - n_j| + \cdots + s_{j-1}|n_{j-1} - n_j| + s_{j+1}|n_{j+1} - n_j| + \cdots + s_k|n_k - n_j|}{s \sum_{j=1}^{k} s_j n_j}$$

$$< \frac{|n_1 - n_j| + \cdots + |n_{j-1} - n_j| + |n_{j+1} - n_j| + \cdots + |n_k - n_j|}{\sum_{j=1}^{k} n_j}.$$

于是这个比值会很小. 现在

$$\left| \frac{1}{s} \sum_{j=1}^{k} s_j \frac{1}{n_j} \sum_{i=0}^{n_j-1} \xi(f^i(x_j)) - \frac{1}{\#I} \sum_{x \in I} \xi(x) \right|$$

$$= \left| \sum_{j=1}^{k} \frac{s_j}{(s_1 + \cdots + s_k)} \frac{1}{n_j} \sum_{i=0}^{n_j-1} \xi(f^i(x_j)) \right.$$

$$\left. - \sum_{j=1}^{k} \frac{s_j}{s_1 n_1 + \cdots + s_k n_k} \sum_{i=0}^{n_j-1} \xi(f^i(x_j)) \right|$$

$$= \left| \sum_{j=1}^{k} s_j \frac{s_1(n_1 - n_j) + \cdots + s_{j-1}(n_{j-1} - n_j) + s_{j+1}(n_{j+1} - n_j) + \cdots + s_k(n_k - n_j)}{s \sum_{j=1}^{k} s_j n_j} \right.$$

$$\left. \cdot \frac{1}{n_j} \sum_{i=0}^{n_j-1} \xi(f^i(x_j)) \right|$$

$$\leqslant \left| \sum_{j=1}^{k} s_j \frac{s_1(n_1 - n_j) + \cdots + s_{j-1}(n_{j-1} - n_j) + s_{j+1}(n_{j+1} - n_j) + \cdots + s_k(n_k - n_j)}{s \sum_{j=1}^{k} s_j n_j} \right|,$$

于是有

$$\left| \frac{1}{s} \sum_{j=1}^{k} s_j \frac{1}{n_j} \sum_{i=0}^{n_j-1} \xi(f^i x_j) - \frac{1}{\#I} \sum_{x \in I} \xi(x) \right| < \frac{r}{4}.$$

这个式子结合 (6.6) 式给出下面不等式:

$$\left| \frac{1}{p} \sum_{i=0}^{p-1} \xi(f^i(z)) - \frac{1}{s} \sum_{j=1}^{k} s_j \frac{1}{n_j} \sum_{i=0}^{n_j-1} \xi(f^i(x_j)) \right|$$

$$\leqslant \left| \frac{1}{p} \sum_{i=0}^{p-1} \xi(f^i(z)) - \frac{1}{\#I} \sum_{x \in I} \xi(x) \right| + \frac{r}{4}$$

$$< \frac{r}{2}, \quad \xi \in F. \tag{6.7}$$

结合 (6.5) 和 (6.7) 式我们得到

$$\left| \int_{Q(f)} \xi \, \mathrm{d}\omega - \int \xi \, \mathrm{d}\mu_z \right|$$

$$\leqslant \left| \frac{1}{s} \sum_{j=1}^{k} s_j \frac{1}{n_j} \sum_{i=0}^{n_j-1} \xi(f^i(x_j)) - \frac{1}{p} \sum_{i=0}^{p-1} \xi(f^i(z)) \right| + \frac{r}{2}$$

$$\leqslant \frac{r}{2} + \frac{r}{2} = r, \quad \forall \xi \in F. \tag{6.8}$$

证明完成. □

## §6.6　Lyapunov 指数的逼近定理

Lyapunov 指数是线性化理论最重要的特征数. 本节介绍王贞琦, 孙文祥的 Lyapunov 指数逼近定理[23], 该定理指出双曲测度的 Lyapunov 指数可以由周期测度的 Lyapunov 指数逼近. 测度的 Oseledects 丛关于状态点是可测分布的, 一般不是连续分布的, 故 Lyapunov 指数逼近不是测度逼近定理 6.5.1 的衍生结论. 在一致双曲系统中每个测度都是双曲测度, 其稳定丛和非稳定丛关于状态点是连续分布的, 而稳定丛和非稳定丛包含的 Oseledects 子丛关于状态点是可测分布的. Lyapunov 指数逼近定理揭示了一致双曲系统和非一致双曲系统的一个基本逼近性质, 在遍历优化, 刚性, Lyapunov 指数计算等课题中有应用.

**定理 6.6.1**　设 $f$ 是紧致光滑 Riemann 流形 $M$ 上的一个 $C^{1+\alpha}$ 微分同胚, 记 $\dim M = d$. 设 $m \in \mathcal{M}^*_{\mathrm{erg}}(M, f)$ 具有 Lyapunov 指数

$$\lambda_1 \leqslant \cdots \leqslant \lambda_d,$$

则 $m$ 的 Lyapunov 指数能被双曲周期测度的 Lyapunov 指数逼近. 换言之, 对任意给定的 $\gamma > 0$, 存在一个双曲周期轨 $\mathrm{Orb}(z, f)$, 使得其原子测度的 Lyapunov 指数

$$\lambda_1^z \leqslant \ldots \leqslant \lambda_d^z$$

和 $m$ 的 Lyapunov 指数 $\gamma$ 逼近, 即

$$\mid \lambda_i - \lambda_i^z \mid < \gamma, \quad i = 1, \cdots, d.$$

**注 6.6.2**　Katok, Hasselblatt 于 1995 年通过文献 [9] Theorem S.5.4, 就双曲测度 $m$ 的 Lyapunov 指数的最小绝对值 $\chi$, 证明了存在周期轨道支撑的测度, 其 Lyapunov 指数的最小绝对值从上侧逼近 $\chi$.

**注 6.6.3**　Lyapunov 指数逼近定理 6.6.1 对非遍历的双曲测度 $m$ 也成立, 见习题 4.

## §6.7　习　　题

1. 设 $f\colon X \to X$ 为紧致度量空间的同胚. 证明: 非游荡集合是紧致的且 $f$ 是不变的.

2. 用跟踪引理证明封闭引理 6.3.10.

3. 证明: 关于测度支撑的定义 6.4.1 和定义 6.4.2 是等价定义.

4. 用遍历分解定理将 6.6.1 推广到 $m$ 为非遍历双曲测度情形. (提示: 构造适当可积函数, 运用遍历分解定理.)

5. 证明引理 6.5.4 的一般情形, 即假定 $k > 2$.

# 第 7 章 稳定流形定理

稳定流形定理是一个重要定理, 具有广泛应用. 本章就非一致双曲系统介绍这个定理和它在同宿点存在性方面的一个应用. 限于篇幅, 我们略去稳定流形定理的证明.

## §7.1 稳定流形定理

### 7.1.1 双曲不动点的稳定流形定理

设 $f: M \to M$ 为 $C^1$ 微分同胚. 设 $x \in M$ 为周期点, 周期 (指最小周期) 为 $p$, $f^p(x) = x$. 如果线性映射 $D_x f^p: T_x M \to T_x M$ 的特征值的模都不等于 1, 则称 $\mathrm{Orb}(x, f) = \{x, \cdots, f^{p-1}(x)\}$ 为 $f$ 的双曲周期轨 (即 $x$ 为 $f^p$ 的双曲不动点). 记

$$T_x M = E_x^s \oplus E_x^u,$$

其中 $E_x^s (E_x^u)$ 为模小于 1 (大于 1) 的特征值所决定的特征子空间. 记

$$n = \dim E_x^s, \quad \ell = \dim E_x^u,$$

则

$$n + \ell = \dim M.$$

**定义 7.1.1** 设 $x \in M$ 为 $f$ 的 $p$ 周期点, 分别称

$$W_x^s = \{y \in M \mid d(f^n(x), f^n(y)) \to 0, \ n \to +\infty\}$$

和

$$W_x^u = \{y \in M \mid d(f^{-n}(x), f^{-n}(y)) \to 0, \ n \to +\infty\}$$

为 $x$ 点的**稳定集**和**不稳定集**.

**定理 7.1.2** 设 $x \in M$ 为 $f$ 的双曲的 $p$ 周期点, 则 $W_x^s$ 和 $W_x^u$ 都是 $M$ 的浸入子流形 (见图 7.1), 且

$$T_x W_x^s = E_x^s, \ \dim W_x^s = \dim E_x^s = n;$$
$$T_x W_x^u = E_x^u, \ \dim W_x^u = dim E_x^u = \ell, \quad n + \ell = \dim M.$$

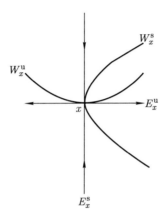

**图 7.1　浸入子流形**

定理 7.1.2 的证明参见微分动力系统的书, 例如文献 [20].

### 7.1.2　Pesin 集的稳定流形定理

**定义 7.1.3** 设 $f: M \to M$ 为 $C^{1+\alpha}$ 的微分同胚具有 Pesin 集 $\Lambda = \Lambda(\lambda, \mu; \varepsilon)$. 设 $x \in \Lambda$, 则 $x$ 点的局部稳定流形和局部不稳定流形分别定义为

$$W_\delta^s(x) = \{y \in M \mid d(f^n(x), f^n(y)) \leqslant \delta e^{-(\lambda - \varepsilon)n}, \ n \geqslant 0\},$$
$$W_\delta^u(x) = \{y \in M \mid d(f^{-n}(x), f^{-n}(y)) \leqslant \delta e^{-(\mu - \varepsilon)n}, \ n \geqslant 0\},$$

其中 $\delta > 0$ 为某个小的常数.

下面给出 Pesin 稳定流形定理, 其证明可参见文献 [2].

**定理 7.1.4** 设 $f: M \to M$ 为 $C^{1+\alpha}$ 的微分同胚具有 Pesin 集

$$\Lambda = \Lambda(\lambda, \mu; \varepsilon) = \bigcup_{k \geqslant 1} \Lambda_k.$$

则存在常数 $\varepsilon_0 > 0$ (参见命题 5.5.3) 满足下列性质: 设 $x \in \Lambda_k$ 并令 $\varepsilon_k = \varepsilon_0 \mathrm{e}^{-k\varepsilon}$, $k \geqslant 1$, 则

(1) $W^s_{\varepsilon_k}(x)$, $W^u_{\varepsilon_k}(x)$ 是 $M$ 的 $C^1$ 子流形;

(2) $T_x W^s_{\varepsilon_k}(x) = E^s_x$, $T_x W^u_{\varepsilon_k}(x) = E^u_x$, 其中 $T_x M = E^s_x \oplus E^u_x$ 为 Pesin 集定义中的分解.

我们对定理做如下解释:

(1) $W^s_{\varepsilon_k}(x)$, $W^u_{\varepsilon_k}(x)$ 微分同胚于圆盘 $D^\ell$, $D^m$, 其维数分别为 $\ell = \dim E^s_x$, $n = \dim E^u_x$.

(2) $\varepsilon_k = \varepsilon_0 \mathrm{e}^{-k\varepsilon}$ 称为 $W^s_{\varepsilon_k}(x)$, $W^u_{\varepsilon_k}(x)$ 的尺寸. 同一个 Pesin 块 $\Lambda_k$ 上各点的局部稳定流形 (不稳定流形) 有相同的尺寸, 且尺寸随着 Pesin 块的角码变大而指数地变小.

(3) 可把局部 (不) 稳定流形扩充为整体的 (不) 稳定流形,

$$W^s(x) = \bigcup_{n \geqslant 0} f^{-n} W^s_\delta(f^n(x)),$$
$$W^u(x) = \bigcup_{n \geqslant 0} f^n W^s_\delta(f^{-n}(x)).$$

对于双曲周期点 $x$, $W^s_x = W^s(x)$, $W^u_x = W^u(x)$ (习题 1).

**例 7.1.5** 考虑例 5.2.4 中扩张方向和压缩方向都经过修改的非一致双曲马蹄. 对于 $x \in \Lambda_k \setminus \Lambda_{k-1}$, 稳定流形 (不稳定流形) 的尺寸为 $\varepsilon_0 \mathrm{e}^{-k\varepsilon}$. 当 $k \to +\infty$ 时尺寸无限变小. 如图 7.2 所示.

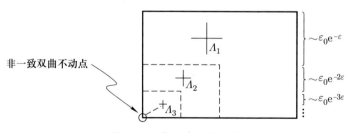

**图 7.2　非一致双曲马蹄**

# §7.2 同 宿 点

**定义 7.2.1** 设 $x \in M$ 为 $f$ 的 双曲周期点, 如果点 $y \in (W_x^s \cap W_x^u) \setminus \{x\}$ 满足

$$\dim T_y W_x^s + \dim T_y W_x^u = \dim M,$$

则称 $W_x^s$ 和 $W_x^u$ 在 $y$ 点处横截相交 (见图 7.3), 称 $y$ 为横截同宿点.

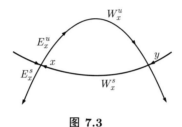

**图 7.3**

因同宿点引发丰富的混沌现象, 其存在性是个有意义的课题.

**定理 7.2.2** 设 $f: M \to M$ 为紧致 Riemann 流形上的 $C^{1+\alpha}$ 微分同胚, 设非原子测度 $m \in \mathcal{M}_{\mathrm{erg}}^*(M, f)$, 则存在横截同宿点 (即存在双曲周期点使其稳定流形和非稳定流形横截相交).

**证明** 用 $\lambda$ 记 $m$ 的最大负 Lyapunov 指数的绝对值, 用 $\mu$ 记最小的 Lyapunov 指数, 令 $\varepsilon << \lambda,\ \mu$, 取相应的 Pesin 集

$$\Lambda = \Lambda(\lambda, \mu, \varepsilon) = \cup_{k \geqslant 1} \Lambda_k(\lambda, \mu, \varepsilon).$$

根据定理 5.4.1 $m(\Lambda) = 1$. 我们分步完成证明.

**第一步** 任意取定 $x \in \mathrm{Supp}(m)$, 任意给定 $\varepsilon > 0$, 则有

$$m(B(x, \varepsilon)) > 0, \quad m(B_\Lambda(x, \varepsilon)) > 0,$$

其中

$$B(x, \varepsilon) = \{y \in M \mid d(x, y) < \varepsilon\}, \quad B_\Lambda(x, \varepsilon) = \{y \in \Lambda \mid d(x, y) < \varepsilon\}.$$

存在某个 $k \geqslant 1$, 使得

$$m(B_{\Lambda_k}(x, \varepsilon)) > 0,$$

其中 $B_{\Lambda_k}(x, \varepsilon) = \{y \in \Lambda_k \mid d(x, y) < \varepsilon\}$.

**第二步**　设 $k$ 如第一步取定. 在 $x$ 附近取两点 $x_1, x_2$, 满足:

(1) $x_1 \neq x_2$;

(2) $m(B_{\Lambda_k}(x_1, \delta)) > 0$ 且 $m(B_{\Lambda_k}(x_2, \delta)) > 0$ 对任何 $\delta > 0$ 成立;

(3) $d := d(x_1, x_2)$ 小 (其尺寸由第四步确定).

我们需要说明的是 $x_1, x_2$ 可以取到. 先证 $x_1$ 可以取到, 即使得 $m(B_{\Lambda_k}(x_1, \delta)) > 0$ 对任何 $\delta > 0$ 成立. 事实上, 否则对每个 $y \in B_{\Lambda_k}(x, \varepsilon) \setminus \{x\}$, 存在 $\delta_y > 0$, 使得 $m(B_{\Lambda_k}(y, \delta_y)) = 0$. 因流形 $M$ 具有可数拓扑基, 则用可数多个 $B_{\Lambda_k}(y, \delta_y)$ 能盖住 $B_{\Lambda_k}(x, \varepsilon) \setminus \{x\}$, 这推出 $m(\{x\}) > 0$. 因 $m$ 是不变测度, 则 $x$ 为周期点, 进而 $m$ 为原子测度, 与题设矛盾. 故 $x_1$ 可以取到. 同理在 $B_{\Lambda_k}(x, \varepsilon) \setminus \{x, x_1\}$ 之外可以取出 $x_2$, 证明类似.

现在, 取圆盘 $B_1 \subset B_{\Lambda_k}\left(x_1, \dfrac{d}{3}\right)$, $B_2 \subset B_{\Lambda_k}\left(x_2, \dfrac{d}{3}\right)$, 使得

$$x_i \in B_i, \quad m(B_i) > 0, \quad \text{diam}(B_i) < \beta\left(k, \frac{d}{6}\right), \quad i = 1, 2,$$

其中 $\beta\left(k, \dfrac{d}{6}\right)$ 为封闭引理中相对于 Pesin 块 $\Lambda_k$ 和常数 $\dfrac{d}{6}$ 所选取的回复轨道段首和尾的允许误差, 见定理 6.3.8. 我们假定 $\beta\left(k, \dfrac{d}{6}\right) < \dfrac{d}{6}$.

**第三步**　对 $B_i$ 使用 Poincaré 回复定理, 存在点 $y_i \in B_i$ 和正整数 $p_i$, 使得 $f^{p_i}(y_i) \in B_i$ 且 $d(y_i, f^{p_i}(y_i)) < \beta\left(k, \dfrac{d}{6}\right)$, $i = 1, 2$. 用封闭引理得到周期跟踪点 $z_i \in M$ 使得 $d(f^j(z_i), f^j(y_i)) < \dfrac{d}{6}$, $j = 0, 1, \cdots, p_i - 1$. 我们有,

$$d(z_i, x_i) < d(z_i, y_i) + d(y_i, x_i) < \frac{d}{6} + \beta\left(k, \frac{d}{6}\right) < \frac{d}{6} + \frac{d}{6} = \frac{d}{3}, \quad i = 1, 2.$$

于是

$$\frac{d}{3} \leqslant d(x_1, x_2) - d(x_1, z_1) - d(x_2, z_2) \leqslant d(z_1, z_2)$$

$$\leqslant d(z_1, x_1) + d(x_1, x_2) + d(x_2, z_2) \leqslant \frac{5d}{3}.$$

特别地, $z_1 \neq z_2$.

**第四步** 取 $d$ 小使得 $z_i$ 充分接近 $\Lambda_k$ 而成为双曲周期点, 参见命题 5.5.3. 进一步, 如果 $d$ 足够小稳定流形和不稳定流形横截相交, 参见文献 [9] Proposition 6.4.13. 设 $z_1$ 的稳定流形和 $z_2$ 的不稳定流形交点为 $y'$, 设 $z_1$ 的不稳定流形和 $z_2$ 的稳定流形交点为 $x'$, 如图 7.4 所示.

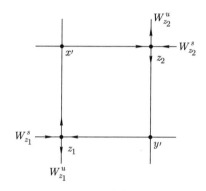

**图 7.4 横截相交**

**第五步** 用 $\lambda$ 引理 (参见文献 [20] 定理 5.1 ), 得到周期点 $z_1$ 的横截同宿点, 如图 7.5 所示, $t$ 是这样的点.

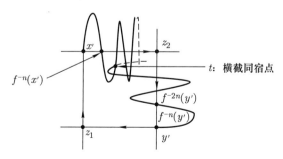

**图 7.5 横截同宿点**

**推论 7.2.3**  设 $f: M \to M$ 为 $C^{1+\alpha}$ 的微分同胚, $m \in \mathcal{M}_{\text{erg}}^*(M, f)$ 为非原子测度, 则

$$\text{Supp}(m) \subset \overline{P^h(f)},$$

其中 $P^h(f) = \{x \in P(f) \mid x$ 为双曲周期点且有横截同宿点$\}$.

**推论 7.2.4**  设 $f: M \to M$ 为 $C^{1+\alpha}$ 的微分同胚, $\dim M = 2$. 若 $h_{\text{top}}(f) > 0$, 则存在横截同宿点.

**证明**  根据变分原理

$$h_{\text{top}}(f) = \sup_{\mu \in \mathcal{M}_{\text{erg}}} h_\mu(f) > 0,$$

故对任意 $0 < \varepsilon < h_{\text{top}}(f)$, 存在 $\mu \in \mathcal{M}_{\text{erg}}(M, f)$, 使得

$$h_\mu(f) > h_{\text{top}}(f) - \varepsilon > 0.$$

由 Ruelle 不等式知 $(f, \mu)$ 有正 Lyapunov 指数. 同理, 对 $f^{-1}$ 使用 Ruelle 不等式知 $(f, \mu)$ 有负 Lyapunov 指数. 故 $\mu \in \mathcal{M}_{\text{erg}}^*(M, f)$. 又 $\mu$ 不是原子测度 (若否, $h_\mu(f) = 0$), 故定理 7.2.2 给出横截同宿点的存在性.  □

根据微分动力系统的相关理论参见文献 [9] Theorem 6.5.5, 双曲周期点的横截同宿点意味着 $f$ 或 $f$ 的某个迭代存在马蹄 (参见图 7.6). 注意到马蹄是一致双曲系统, 则定理 7.2.2 表明, 一个双曲测度 (或非一致双曲系统) 附近必存在一致双曲系统.

**推论 7.2.5**  设 $f: M \to M$ 为 $C^{1+\alpha}$ 的微分同胚. 设 $m \in \mathcal{M}_{\text{erg}}^*(M, f)$ 非原子测度, 则存在马蹄.

据推论 7.2.4 的证明, 当 $\dim M = 2$ 时, 每个具有正熵的不变测度都是双曲测度, 于是有下面的推论.

**推论 7.2.6**  设 $f: M \to M$ 为 $C^{1+\alpha}$ 的微分同胚, $\dim M = 2$. 若 $h_{\text{top}}(f) > 0$, 则存在马蹄.

用 $\text{Diff}^{1+\alpha}(M)$ 表 $M$ 上所有 $C^{1+\alpha}$ 微分同胚的集合. 这个集合对 $C^1$ 拓扑形成一个空间. 下面讨论, 当 $\dim M = 2$ 时, 拓扑熵映射

$$h_{\text{top}}: \text{Diff}^{1+\alpha}(M) \to \mathbb{R},$$

$$g \mapsto h_{\text{top}}(g)$$

在具有正拓扑熵的微分同胚处是下半连续的.

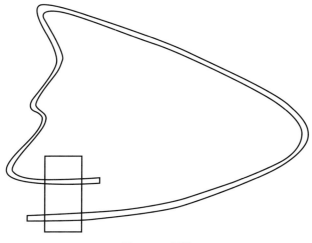

**图 7.6 马蹄**

**引理 7.2.7** 设 $f: M \to M$ 为 $C^{1+\alpha}$ 的微分同胚, $\dim M = 2$. 若 $h_{\text{top}}(f) > 0$, 则 $\forall \varepsilon > 0$ 存在马蹄集 $\Lambda$, 使得

$$h_{\text{top}}(f) \geqslant h_{\text{top}}(f \mid_\Lambda) \geqslant h_{\text{top}}(f) - \varepsilon.$$

证明过程参见文献 [9] Theorem S.5.9.

**命题 7.2.8** 设 $f: M \to M$ 为 $C^{1+\alpha}$ 的微分同胚, $\dim M = 2$. 若 $h_{\text{top}}(f) > 0$, 则熵映射

$$h_{\text{top}}: \text{Diff}^{1+\alpha}(M) \to R$$

在 $f$ 处是下半连续的.

**证明** 由引理 7.2.7, $\forall \varepsilon > 0$, 存在马蹄 $\Lambda$ 使得

$$h_{\text{top}}(f \mid_\Lambda) \geqslant h_{\text{top}}(f) - \varepsilon.$$

设 $g \in \mathrm{Diff}^{1+\alpha}(M)$ $C^1$ 接近 $f$, 则由文献 [20] 定理 4.6 知存在 $g$ 的紧致双曲不变集 $\Lambda'$ 满足图表交换

$$
\begin{array}{ccc}
\Lambda & \xrightarrow{f} & \Lambda \\
\pi \downarrow & & \downarrow \pi \\
\Lambda' & \xrightarrow{g} & \Lambda',
\end{array}
$$

亦即

$$\pi \circ f = g \circ \pi,$$

其中 $\pi\colon \Lambda \to \Lambda'$ 是同胚映射. 故

$$h_{\mathrm{top}}(g) \geqslant h_{\mathrm{top}}(g \mid_{\Lambda'}) = h_{\mathrm{top}}(f \mid_{\Lambda}) \geqslant h_{\mathrm{top}}(f) - \varepsilon.$$

由 $\varepsilon$ 的任意性, 拓扑熵映射在 $f$ 是下半连续的.  □

## §7.3  习　题

1. 证明: 对于双曲周期点 $x$, $W_x^s = W^s(x)$, $W_x^u = W^u(x)$.

# 参 考 文 献

[1]  L. Barreira, Ya. Pesin, Lyapunov exponents and smooth ergodic theory, University Lecture Series, Vol. 23, Amer. Math. Soci., Providence RI, 2002.

[2]  L. Barreira, Ya. Pesin. Nonuniform hyperbolicity: dynamics of systems with nonzero Lyapunov exponents. New York: Cambridge University Press, 2007.

[3]  V. I. Bogachev. Measure theorey (1). Heidelberg: Springer-Verlag, 2007.

[4]  丁同仁, 李承治. 常微分方程教程. 北京: 高等教育出版社, 1991.

[5]  X. Dai, Liao style number of differential systems, Commun. Contemp. Math., 6(2004), 279–299

[6]  D. Dolgopyat, Ya. Pesin, Every compact manifold carries a completely hyperbolic diffeomorphism, Erg. Th. Dyn. Syst. 22(2002), 409–435.

[7]  M. Hirayama, Periodic probability measures are dense in the set of invariant measures, Dis. Cont. Dyn. Sys. 9(2003), 1185.

[8]  A. Katok, Bernoulli diffeomorphism on surfaces, Ann. Math. 110(1979), 529.

[9]  A. Katok, B. Hasselblatt. Introduction to the modern theory of dynamical systems. New York: Cambridge University Press, 1995.

[10]  廖山涛. 紧致微分流形上常微分方程系统的某类诸态备经性质. 北京大学学报 (自然科学版), 1963(3), 241–265; 1963(4), 309–326.

[11]  S. Liao, On characteristic exponents construction of a new Borel set for the multiplicative ergodic theorem for vector fields, Act. Sci. Univ. Pek., 29(1993), 276–302.

[12]  C. Liang, G. Liu, W. Sun, Approximation properties on invariant measure and Oseledets splitting in non-uniformlly hyperboloc systems, Trans. Amer. Math. Soci., 361(2009), 1543–1579.

[13]  P. Liu, M. Qian, Smooth ergodic theory of random dynamical systems, Lecture Notes in Mathematics, 1606, Springer-Varlag, 1995.

[14]  R. Mañé. Ergodic theory and differentiable dynamics. Heideberg Springer-Verlag, 1987.

[15]  M. Rees, A minimal positive entropy homeomorphism of the 2-torus, J. Lond. Math. Soc., 23(1981), 537–550.

[16]  K. Sigmund, On dynamical systems with the specification property, Trans. Amer. Math. Soc. 190(1974), 285–299.

[17]  孙文祥. 遍历论. 2版. 北京: 北京大学出版社, 2018.

[18]  W. Sun, Characteristic spectrum for differential systems, J. Diff Equat. 147(1998), 184–194.

[19]  W. Sun, X. Tian, Dominated splitting and Pesin's entropy formula, Dis. Con. Dyn. Syst. 32(2012), 1421–1434.

[20]  文兰. 微分动力系统. 北京: 高等教育出版社, 2015.

[21]  M. Viana, K. Oliveira. Foundations of ergodic theory. New York: Cambridge University Press, 2016.

[22]  P. Walters. An introduction to ergodic theory. New York: Springer-Verlag, 1982.

[23]  Z. Wang, W. Sun, Lyapunov exponents of hyperbolic measures and hyperbolic periodic orbits, Trans. Amer. Math. Soc., 362(2010), 4267–4282.